对接世界技能大赛技术标准创新系列教材
技工院校一体化课程教学改革服装设计与制作专业教材

单品服装设计

人力资源社会保障部教材办公室　组织编写

钟雪　主编

中国劳动社会保障出版社

world skills
China

简介

本书以国家职业标准和技工院校服装设计与制作专业国家技能人才培养标准及一体化课程规范（试行）为依据，以企业需求为导向，充分借鉴世界技能大赛的先进理念、技术标准和评价体系，促进服装设计与制作专业教学与世界先进标准接轨。本书采用工学一体化教学模式编写，包括时尚女装单品设计、休闲女装单品设计、团体服装单品设计 3 个学习任务，同时穿插介绍了世界技能大赛的有关知识，并附有部分拓展性内容。

本书由钟雪主编，江少容参编，金丽审稿。

图书在版编目（CIP）数据

单品服装设计 / 钟雪主编 . -- 北京：中国劳动社会保障出版社，2023
对接世界技能大赛技术标准创新系列教材
ISBN 978-7-5167-5869-4

Ⅰ . ①单…　Ⅱ . ①钟…　Ⅲ . ①服装设计 – 教材　Ⅳ . ①TS941.2

中国国家版本馆 CIP 数据核字（2023）第 197466 号

中国劳动社会保障出版社出版发行
（北京市惠新东街 1 号　邮政编码：100029）
*
北京市艺辉印刷有限公司印刷装订　新华书店经销
787 毫米 ×1092 毫米　16 开本　7.75 印张　126 千字
2023 年 10 月第 1 版　2023 年 10 月第 1 次印刷
定价：17.00 元

营销中心电话：400-606-6496
出版社网址：http://www.class.com.cn
http://jg.class.com.cn

对接世界技能大赛技术标准创新系列教材

本书编审人员

主　编：钟　雪

参　编：江少容

审　稿：金　丽

序

世界技能大赛由世界技能组织每两年举办一届，是迄今全球地位最高、规模最大、影响力最广的职业技能竞赛，被誉为“世界技能奥林匹克”。我国于 2010 年加入世界技能组织，先后参加了五届世界技能大赛，累计取得 36 金、29 银、20 铜和 58 个优胜奖的优异成绩。第 46 届世界技能大赛将在我国上海举办。2019 年 9 月，习近平总书记对我国选手在第 45 届世界技能大赛上取得佳绩作出重要指示，并强调，劳动者素质对一个国家、一个民族发展至关重要。技术工人队伍是支撑中国制造、中国创造的重要基础，对推动经济高质量发展具有重要作用。要健全技能人才培养、使用、评价、激励制度，大力发展技工教育，大规模开展职业技能培训，加快培养大批高素质劳动者和技术技能人才。要在全社会弘扬精益求精的工匠精神，激励广大青年走技能成才、技能报国之路。

为充分借鉴世界技能大赛先进理念、技术标准和评价体系，突出“高、精、尖、缺”导向，促进技工教育与世界先进标准接轨，完善我国技能人才培养模式，全面提升技能人才培养质量，人力资源社会保障部于 2019 年 4 月启动了世界技能大赛成果转化工作。根据成果转化工作方案，成立了由世界技能大赛中国集训基地、一体化课改学校，以及竞赛项目中国技术指导专家、企业专家、出版集团资深编辑组成的对接世界技能大赛技术标准深化专业课程改革工作小组，按照创新开发新专业、升级改造传统专业、深化一体化专业课程改革三种对接转化原则，以专业培养目标对接职业描述、专业课程对接世界技能标准、课程考核与评价对接评分方案等多种操作模式和路径，同时融入健康与安全、绿色与环保及可持续发展理念，开发与世界技能大赛项目对接的专业人才培养方案、教材及配套教学资源。首批对接 19 个世界技能大赛项目共 12 个专业的成果将于 2020—2021 年陆续出版，主要用于技工院校日常专业教学工作中，充分发挥世界技能大赛成果转化对技工院校技能人才培养的引领示范作用。在总结经验及调研的基础上选择新的对接项目，陆续启动第二批等世界技能大赛成果转化工作。

希望全国技工院校将对接世界技能大赛技术标准创新系列教材，作为深化专业课程建设、创新人才培养模式、提高人才培养质量的重要抓手，进一步推动教学改革，坚持高端引领，促进内涵发展，提升办学质量，为加快培养高水平的技能人才作出新的更大贡献！

2020 年 11 月

目　录

学习任务一
时尚女装单品设计

学习目标

1. 能严格遵守工作制度，服从工作安排，按要求准备好时尚女装单品设计所需的工具、设备、材料与各项技术文件。

2. 能正确识读时尚女装单品设计各项技术文件，明确时尚女装单品设计的流程、方法和注意事项。

3. 能查阅相关技术资料，制订时尚女装单品设计计划，并在教师的指导下，通过小组讨论做出决策。

4. 能依据技术文件要求，了解企业市场需求和设计主题要求，结合流行趋势，形成初步构思和设想。

5. 能对照技术文件，独立完成市场调研和竞品分析，并选配面辅料。

6. 能在教师或企业技术人员的指导下，对照技术文件，结合时尚女装市场流行趋势，进行单品款式设计，绘制效果图、款式图。

7. 能记录时尚女装单品设计过程中的疑难点，通过小组讨论、合作探究或在教师的指导下，提出妥善解决的办法。

8. 能在教师或企业技术人员的指导下，对照技术文件，依据设计总监（或者教师）的批复向技术部门下达任务书（版单）。

9. 能在随后的制版环节中与制版师沟通各部件尺寸，直至设计师、制版师在任务书（版单）上签字确认，并持续跟进制作直至样衣完成。

10. 能展示、评价时尚女装单品设计各阶段成果，并根据评价结果，做出相应反馈。

建议学时

114 学时。

学习任务描述

设计师从技术主管处接受任务后，依据技术文件的具体要求，在市场调研后，提交完整的调研报告并做汇报，报告应包括竞品的廓型、颜色、款式、面料，以及竞品的风格、客户群、价位分析等内容。然后选配面辅料小样，以此为基础进行时尚女装单品设计。设计应符合品牌要求，具备创新性，效果图应廓型和结构清晰，工艺细节明确，款式图应做到服装结构比例准确（绘制 20 款），款式可穿性和可实施性好，并将其交给纸样师进行打版。

学习活动 春夏连衣裙设计

学习目标

1. 能严格遵守工作制度，服从工作安排，按要求准备好春夏连衣裙设计所需的工具、设备、材料与各项技术文件。

2. 能正确识读春夏连衣裙设计各项技术文件，明确春夏连衣裙设计的流程、方法和注意事项。

3. 能查阅相关技术资料，制订春夏连衣裙设计计划，并在教师的指导下，通过小组讨论做出决策。

4. 能依据技术文件要求，了解企业市场需求和设计主题要求，结合流行趋势，形成初步构思和设想。

5. 能对照技术文件，独立完成市场调研和竞品分析，并选配面辅料。

6. 能在教师或企业技术人员的指导下，对照技术文件，结合春夏连衣裙市场流行趋势，进行单品款式设计，绘制效果图、款式图。

7. 能记录春夏连衣裙设计过程中的疑难点，通过小组讨论、合作探究或在教师的指导下，提出妥善解决的办法。

8. 能在教师或企业技术人员的指导下，对照技术文件，依据设计总监（或者教师）的批复向技术部门下达任务书（版单）。

9. 能在随后的制版环节中与制版师沟通各部件尺寸，直至设计师、制版师在任务书（版单）上签字确认，并持续跟进制作直至样衣完成。

10. 能展示、评价春夏连衣裙设计各阶段成果，并根据评价结果，做出相应反馈。

一、学习准备

1. 准备服装一体化教室、设计工具。

2. 划分学习小组（每组 5~6 人），填写表 1-1。

3. 准备安全操作规程、人体规格图（见图 1-1）、春夏连衣裙设计相关学习材料。

表 1-1　　小组成员表

组号	组内成员姓名	组长姓名

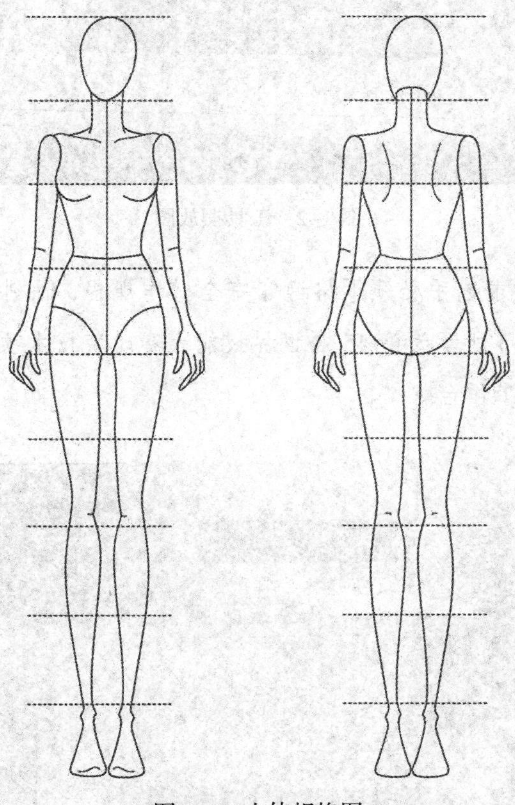

图 1-1　人体规格图

worldskills international 世赛链接

世界技能大赛时装技术项目要求参赛选手必须自带工具。工具主要有自动笔、勾线笔 0.05 mm、勾线笔 0.1 mm、勾线笔 0.2 mm 和勾线笔 0.3 mm，以及橡皮、尺子和纸巾等。工具摆放如图 1–2 所示。

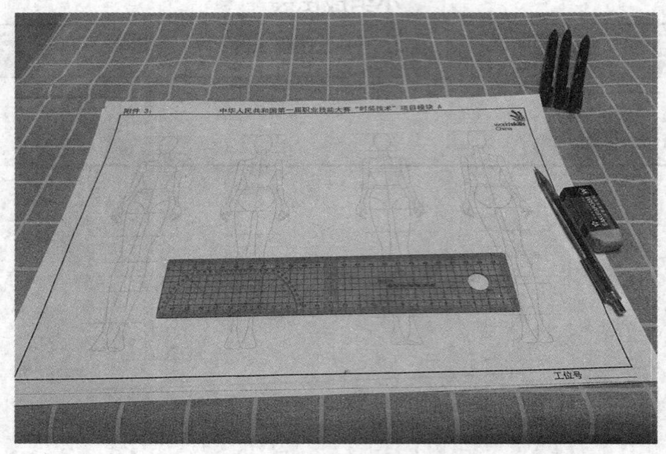

图 1–2　工具摆放图

世界技能大赛要求选手必须严格遵守安全操作规程，时刻保持通道畅通和工作区域干净整洁。图 1–3 所示为第 45 届世界技能大赛时装技术项目金牌得主温彩云在世界技能大赛现场的工作台。

图 1–3　世界技能大赛现场的工作台

二、学习过程

（一）明确工作任务、获取相关信息

1. 知识学习

（1）学习鉴赏春夏连衣裙的款式，能在服装相关网站上找到春夏连衣裙款式，并整理出有用的资源。

（2）学习连衣裙常见种类、适用面料、款式特点、装饰种类。

引导问题

（3）请写出可下载服装流行资讯的常用网站或者 App。

小贴士

第一次世界大战前的欧洲，女性的主流服装一直是连衣裙，它也是出席社交场合的正式服装。第一次世界大战后，由于女性越来越多地参与社会工作，女性服装的种类不再局限于连衣裙，但其仍然非常重要，如礼服仍多以连衣裙的形式出现。

连衣裙是专属于女性的一种服装品类，也是女性日常生活中不可或缺的连体服装单品，体现女性的特有魅力。随着时代的发展，连衣裙的种类也越来越丰富，如图 1-4 所示。

图 1–4　不同类型的连衣裙

世赛链接

连衣裙设计是世界技能大赛时装技术项目中重点考察的单元。其系列设计项目，主要考察选手对于面料、服装市场以及流行元素的把控能力及其相应的设计能力。世界技能大赛时装技术项目连衣裙系列设计选手作品如图 1–5 所示。

图 1–5　世界技能大赛时装技术项目连衣裙系列设计选手作品

第 45 届世界技能大赛时装技术项目国家“十强”选拔赛中，选手要在规定的时间内设计并制作完成一条连衣裙。图 1–6 所示为选手在比赛中完成的作品。

图 1–6　连衣裙作品

小贴士

连衣裙包括低腰型（腰位置在腰围线以下）、高腰型（腰位置在腰围线以上）、标准型和连腰型。标准型因为上衣部分和裙的部分的连接恰好在人体腰部，所以又俗称中腰节裙。其腰线高低适中，造型美观、秀丽，适合各年龄段的女性穿着。连腰型包括衬衫型、紧身型、带公主线型（有从肩部到下摆的竖破缝线）和帐篷型（直接从上部就开始宽松）等。

引导问题

（4）请在下框中画出春夏连衣裙常见的造型。

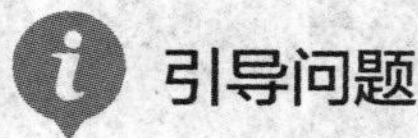

引导问题

（5）请写出今年连衣裙常见的色彩和面料。

____

____

(6) 请在下框中画出春夏连衣裙常见的领子细节。

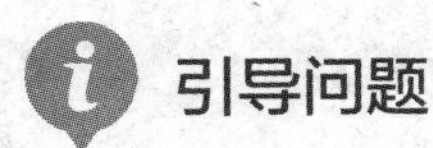

(7) 请在下框中画出春夏连衣裙常见的袖子细节。

2. 学习检验

 引导问题

（1）在教师的引导下，独立完成表 1-2 的填写。

表 1-2　　学习任务与学习活动简要归纳表

本次学习任务的名称	
本次学习任务的目标	
本次学习任务的内容	
本次学习活动的名称	
你认为本次学习活动中哪些目标的实现难度较大	

 讨论

（2）讨论春夏连衣裙包含哪些部位。

 讨论

（3）在教师的引导下，讨论春夏连衣裙哪些部位是可以融入设计元素的。

 引导问题

（4）连衣裙是女性服装的主要品种之一，也是人类最早穿用的服装式样，具有

款式丰富多变、造型美观飘逸的风格特点。连衣裙种类很多，分类方法也很多。图 1-7 所示是连衣裙按腰节所处的位置进行分类的式样，图 1-8 所示是连衣裙按外形特征进行分类的式样。请在图形对应的下方填写连衣裙种类名称。

（1）________________

（2）________________

（3）________________

图 1-7　连衣裙按腰节所处的位置进行分类的式样

（1）________________

（2）________________

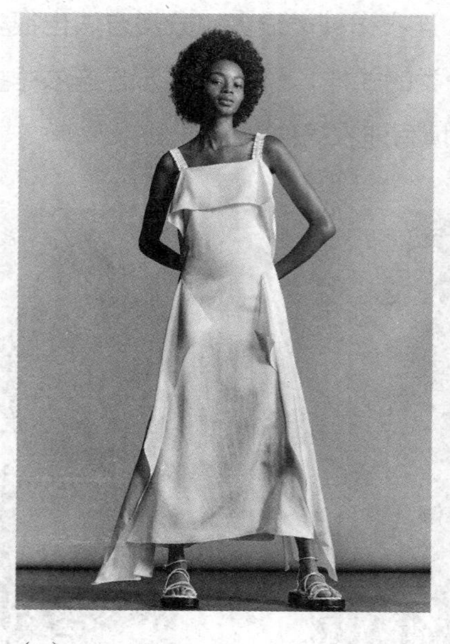

（3）＿＿＿＿＿＿＿＿＿＿＿＿＿＿

（4）＿＿＿＿＿＿＿＿＿＿＿＿＿＿

图 1–8　连衣裙按外形特征进行分类的式样

引导、评价、更正与完善

在教师讲评引导的基础上，对本阶段的学习活动成果进行自我评分和小组评分（100 分制），之后独立用红笔对本阶段的引导问题的回答进行更正和完善。

项目	类别	分数	项目	类别	分数
自我评分	关键能力		小组评分	关键能力	
	专业能力			专业能力	

（二）春夏连衣裙设计计划与决策

1. 知识学习

学习制订计划的基本方法、内容和注意事项。

任何完整的计划都要经过一个工作过程，这就是认识机会、确立目标、拟定前提条件、确定可供选择的方案、评价可供选择的方案、挑选方案、制订辅助计划、用预算使计划数字化。制订计划可以遵循以下步骤：整个工作的目标是什么？计划的内容是什么？具体可以概括为 6 个方面，即做什么（What）、为什么做（Why）、何时做（When）、何地做（Where）、谁去做（Who）、怎么做（How），简称为“5W1H”。整个工作分几步实施？过程中要注意什么？小组成员之间应该如何配合？出现问题应该如何处理？

2. 学习检验

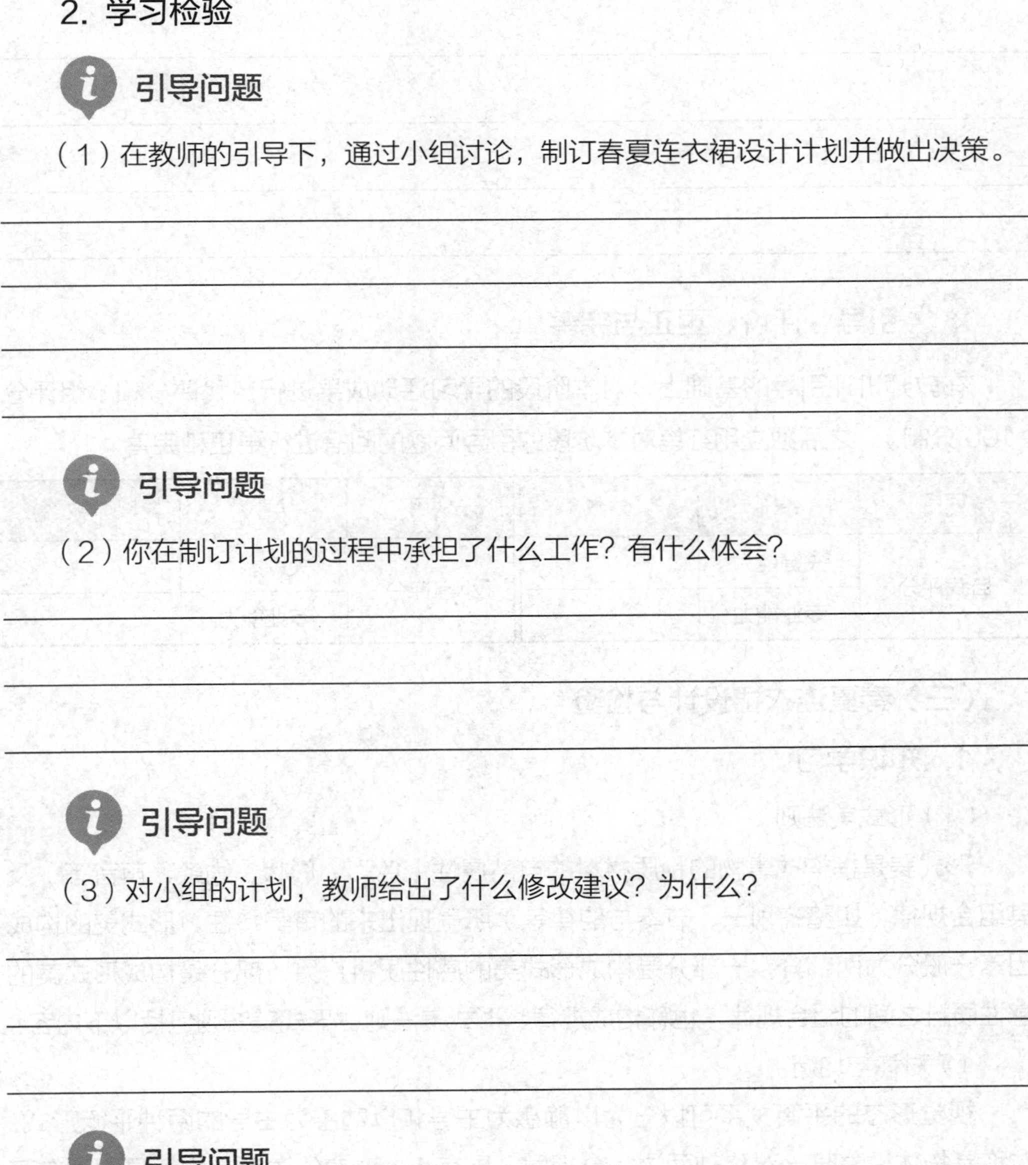

引导问题

（1）在教师的引导下，通过小组讨论，制订春夏连衣裙设计计划并做出决策。

引导问题

（2）你在制订计划的过程中承担了什么工作？有什么体会？

引导问题

（3）对小组的计划，教师给出了什么修改建议？为什么？

引导问题

（4）你认为计划中哪些方面比较难实施？为什么？你有什么想法？

引导问题

（5）小组最终做出了什么决定？是如何做出的？

____

____

____

____

引导、评价、更正与完善

在教师讲评引导的基础上，对本阶段的学习活动成果进行自我评分和小组评分（100 分制），之后独立用红笔对本阶段的引导问题的回答进行更正和完善。

项目	类别	分数	项目	类别	分数
自我评分	关键能力		小组评分	关键能力	
	专业能力			专业能力	

（三）春夏连衣裙设计与检验

1．知识学习

（1）形式美法则

形式美是指构成事物的物质材料的自然属性（色彩、形状、线条、声音等）及其组合规律（如整齐划一、节奏与韵律等）所呈现出来的审美特性。形式美的构成因素一般分为两部分，一部分是构成形式美的感性质料；另一部分是构成形式美的感性质料之间的组合规律，也称构成规律、形式美法则。形式美法则包括以下内容：

1）对称与均衡

视觉形态的平衡关系可以分为以静感为主导和以动感为主导的两种平衡形式。对称是物体沿着某一对称轴两边完全相同，具有一一对应的关系。均衡是图案在不同位置上量与力在视觉心理上的平衡而获得内在的统一。对称（绝对的统一）主要是指在形状、重量、面积、位置上的统一平衡。均衡（变化的统一）是不对称形式的心理平衡，即视觉心理上的平衡、稳定力学上的不平衡。

2）参差与齐一

参差与齐一是最简单的形式美。参差齐一是按一生一的结构构成的形式规律。

参差是指在形式中有较明显的差异和对立的因素，如差异色调等。齐一则是一种整齐划一的美，是以特定形式因素组成一个单元，按照一个统一规律不断重复而形成的。按照参差与齐一法则构成的形式给人以次序感和条理感。

3）对比与调和

对比要通过两个以上不同造型因素才能显示出来，它是获得变化的最好方法，依据整体需要，可轻微、可显著，可简、可繁。调和是构成美的对象在内部关系中相辅相成，互为需要。调和呈现出平静、稳定、单纯的感觉，但缺乏灵巧、活泼感。故应运用对比变化的原理，对形象加以差异化处理，使调和的形象有变化，形成对比调和。

4）比例与尺度

比例是指部分与部分或部分与整体之间的数量关系。人们在长期的生产生活实践活动中一直运用着比例关系，并以人体自身的尺度为中心，根据自身活动的便利性总结出各种尺度标准，体现在衣食住行的器具制造中。恰当的比例有一种协调的美感。比例与尺度法则也是形式美法则的重要内容。

5）节奏与韵律

节奏本是指音乐中音响节拍轻重缓急的变化和重复。节奏这一具有时间感的用语在构成设计上是指以同一视觉要素连续重复时所产生的运动感。韵律原指音乐或诗歌的声韵和节奏。诗歌中音的高低、轻重、长短的组合，匀称的间歇或停顿，相同音色的反复以及句末、行末利用同韵同调的音相加强诗歌的音乐性和节奏感，这就是韵律的运用。平面构成中单纯的单元组合重复比较单调，由有规则变化的形象进行数比或等比处理，使之产生如音乐、诗歌般的旋律感，称为韵律。有韵律的构成具有积极的生气，富有魅力。

6）变化与统一

变化与统一是自然和社会发展的根本法则。统一是一种秩序的表现，是一种协调的关系。其合理运用是创造形式美的技巧所在，是衡量艺术的尺度，是创作必须遵循的法则。统一是将变化进行整体统辖，进行有内在联系的设置与安排，呈现为视觉上的统一，使形象之间、色彩之间具有有秩序、有条理的一致性，可使图案形象调和、严肃、朴实。变化则是一种艺术与设计的创作方法，突出形象中的差异性，给人的视觉造成刺激，产生跳跃和新意感，能重新唤起新鲜活泼的情趣，使设计在构图因素上形成对比。

（2）面料基本知识（见图 1-9）

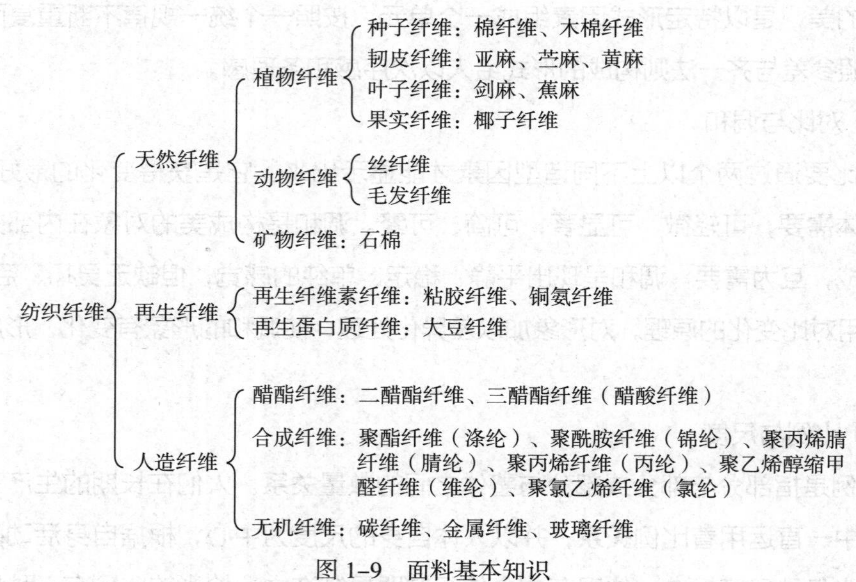

图 1-9　面料基本知识

（3）棉麻丝毛基本面料的特点（见表 1-3）

表 1-3　　棉麻丝毛基本面料的特点

名称	优点	缺点
棉	吸湿透气、舒适柔软、防虫、保暖	抗皱性和弹性相对较弱，有锁水及褪色可能。须注意勿用热水洗涤，避免曝晒
麻	吸湿透气、散热凉爽、强度高、耐磨、抗虫蛀	弹性弱、易起皱、易缩水
丝	透气凉快、轻薄飘逸、光泽好、弹性好	易皱、怕晒、易褪色、怕碱、怕虫蛀
毛	保暖、吸湿透气、弹性好	缩水、变形、怕虫蛀、不耐磨、不耐压

世赛链接

世界技能大赛时装技术项目中，系列设计的一个考察点就是参赛者对于面料质感的把控。不同的面料对于设计的影响较大，选择面料合适与否对于设计而言，效果是完全不同的。如图 1-10a、图 1-10b 所示两幅图采用硬挺面料，表现服装造型的立体感；如图 1-10c、图 1-10d 所示两幅图采用柔软面料，表现服装飘逸轻盈的特点。不同的面料在表现手法上也是有很大差别的，如图 1-10 所示。

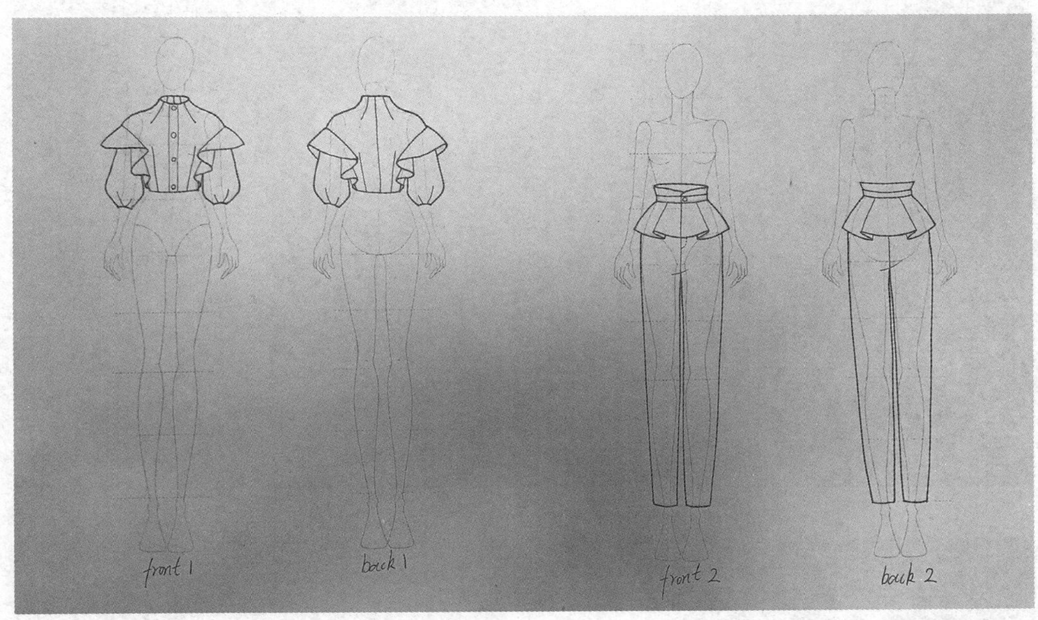
front 1
back 1
front 2
back 2

a）

zipper
zipper
front 3
back 3
front 4
back 4

b）

c）

d）

图 1–10　选手的系列设计——不同面料质感的把控

2. 技能训练

实践

（1）请填写表 1–4，根据调研计划完成市场及网络调研，形成调研报告，并将调研报告制作成 PPT。

表 1-4　　　　小组调研计划表

组名		调研地点		调研时间	
成员	（组长）				
联系电话					
款式市场					
面料市场					
客户分析					

小贴士

调研报告是针对一个具体的市场调研的过程和结果的总结，包含调研现状、调研目的、调研方法、调查问卷、调查问卷结果统计和分析、总结和建议几个部分。

引导问题

（2）根据课前分组所做的调研报告（PPT）进行汇报，并给出小组的结论。

小贴士

PPT 制作的基本步骤如下：首先，在动笔写文字稿之前，需要了解一些 PPT 所反映主题的基本信息，至少需要知道 why、who、where 这 3 个方面信息。其次，了解基本信息后，开始思考一种表达方式，并把想好的表达方式具象化，列出大致框架，写出文字稿。如果由多人合作完成一份 PPT 制作，那么可以试试小组头脑风暴来完成这一步骤工作。再次，把文字稿内容摆放到 PPT 页面。当然这不是原封不动地复制粘贴，而是有筛选性地放上必要文字内容。最后，确定幻灯片的呈现风格。可以去一些网站下载 PPT 模板来编辑，逐页进行排版设计。

引导问题

（3）根据教师对调研报告的修改意见，将本组确定的春夏连衣裙造型及设计元素绘制或者书写在下框中。

引导问题

（4）根据修改后的调研报告，在下面的人体规格图上绘制出 20 款春夏连衣裙款式图（其他另附纸）。

3. 学习检验

引导问题

（1）版单应包含正背面款式图、服装规格尺寸、工艺细节说明、面辅料小样。检查自己的作业是否具备以上要素，并将未标注的写下来。

____

____

____

____

引导问题

（2）请每组同学自查，本组的设计图是否具备打版条件，将有疑问的地方记录下来。

讨论

（3）请本组同学相互讨论，面料使用是否合理。

____

____

____

引导问题

（4）请按照表 1-5 的要求填写成衣规格尺寸，并在每个成衣设计图上标注好成衣规格尺寸。

表 1-5　　成衣规格尺寸

序号	部位	尺寸
1	裙长	
2	胸围	
3	腰围	
4	臀围	
5	下摆围	
6	袖长	
7	肩宽	

引导问题

（5）在春夏连衣裙系列设计中，教师给本组的意见是什么？

检验修正

（6）在教师的指导下，对照表 1-6 所示检查方法，独立完成本组的作品复核，写出修改意见，并根据修改意见将设计图重新绘制并勾线。

表 1-6　　检查部位表

序号	部位	自评分	教师评分
1	每张款式图要干净、整洁，不能有铅笔印，20 张数量准确		
2	每个设计图要附有服装规格尺寸、面辅料小样		

续表

序号	部位	自评分	教师评分
3	设计图要有正背面款式图及工艺细节说明		
4	设计图正背面要非常流畅		
5	设计图面料选择及表达要到位		
6	款式设计符合目标企业定位		
7	细节表达准确，无难以阅读的情形，以至于制版师无法制版（如贴边线或里子缺失，门襟、齿带、扣眼、兜位未标示等）		
8	设计图整体线条顺直，轮廓清晰，画线无过重或过轻表达		
9	领口、袖笼或者裙摆是否太紧，有无拉链或者扣子，是否便于穿脱及活动等		
10	设计图要具有一定的流行元素		

修改意见：

引导、评价、更正与完善

在教师讲评引导的基础上，对本阶段的学习活动成果进行自我评分和小组评分（100 分制），之后独立用红笔对本阶段的引导问题的回答进行更正和完善。

项目	类别	分数	项目	类别	分数
自我评分	关键能力		小组评分	关键能力	
	专业能力			专业能力	

（四）成果展示与评价反馈

1. 知识学习

学习展示的基本方法、评价的标准和方法。

世赛链接

世界技能大赛时装技术项目对系列设计及款式设计的评价标准一般分为以下几个方面：设计作品符合目标市场的需求；设计作品体现出非常好的面料特征，面料符合款式图中所有服装款式设计，并能恰如其分地表达款式图中的设计；设计作品中所有部位的线条从前到后都很流畅并且方便制版师打版；设计作品体现了非常好的协调性；设计作品体现出多样性；设计作品体现出突出的创意和创新性。

提醒

完成作品期间，要保持纸张的干净、整洁，尤其是拿起纸张时，要防止纸张起皱。

2. 技能训练

实践

在教师的指导下，以小组为单位，展示已完成的设计图作品，并进行工作介绍。

（1）PPT 展示

将小组 20 张设计图和前期的市场调研 PPT 结合进行展示，要求照片清晰度高且不歪斜，无美颜、伸缩、修图等情况。

（2）KT 板展示

小组设计图装裱在 KT 板上时，要进行加厚处理，用大头针固定，大头针不能遮盖住设计图图片，且要注意 KT 板反面大头针的安全问题。

3. 学习检验

引导问题

（1）在教师的指导下，对照表 1-6，在小组内进行作品展示，然后经由小组讨论，推选出一组最佳作品，进行全班展示与评价，并由组长简要介绍推选的理由，小组其他成员做补充并记录。

小组最佳作品制作人：________________

推选理由：________________

____

____

____

其他小组评价意见：________________

____

____

教师评价意见：________________

____

____

____

引导问题

（2）将本次学习活动中出现的问题及其产生的原因和解决的办法填写在表1-7中。

表 1-7　　问题分析表

出现的问题	产生的原因	解决的办法
1.		
2.		
3.		
…		

自我评价

（3）将本次学习活动中自己最满意的地方和最不满意的地方各写一点，并简要说明原因，然后完成学习活动考核评价表（见表 1-8）的填写。

最满意的地方：________________

最不满意的地方：________________

表 1-8　　学习活动考核评价表

学习活动名称：春夏连衣裙设计

班级：　　学号：　　姓名：　　指导教师：

评价项目	评价标准	评价依据	评价方式			权重	得分小计	总分
			自我评价	小组评价	教师（企业）评价			
			10%	20%	70%			
关键能力	1. 能执行安全操作规程 2. 能参与小组讨论，进行相互交流与评价 3. 能积极主动学习，勤学好问 4. 能清晰、准确地表达 5. 能清扫场地和工作台，归置物品，填写活动记录	1. 课堂表现 2. 工作页填写				40%		
专业能力	1. 能根据任务要求进行市场调研计划分组 2. 能根据调研计划进行不同市场的调研，并写出调研报告，制作成 PPT 形式 3. 能将本组调研报告展示给设计总监（教师及企业导师），并记录其反馈的意见 4. 能按照设计春夏连衣裙所必需的知识点去查阅书籍及网络资讯，并加以记录 5. 能根据设计总监的意见、知识点及流行趋势，制订设计计划 6. 能根据设计计划完成本组的 20 张春夏连衣裙设计图 7. 能记录春夏连衣裙设计过程中的疑难点，并在教师的指导下，通过小组讨论或独立思考与实践加以解决	1. 课堂表现 2. 工作页填写 3. 提交的春夏连衣裙设计图				60%		
指导教师综合评价	指导教师签名：　　日期：							

三、学习拓展

说明：本阶段学习拓展建议学时为 24 学时，要求学生在课后独立完成。教师可根据本校的教学需要和学生的实际情况，选择部分或全部进行实践，也可另行选择相关拓展内容，亦可不实施本学习拓展，将其所需学时用于学习过程阶段实践内容的强化。

时尚女装单品设计包括衬衣、裤子、半裙、连衣裙、外套、大衣、风衣等品种，它们的设计过程是相同的。拓展内容建议在训练单品的基础上将单品进行组合，如外衣与裤子或半裙组合、衬衫与裤子或半裙组合等。

拓展 1

在教师的指导下，收集各种服装的知识点。相关服装资讯的网站及 App 见表 1–9。

表 1–9　　服装资讯网站及 App

序号	项目	内容
1	手机 App	小红书、VOGUE RUNWAY、穿针引线、VOGUEMINI
2	国内网站	蝶讯网、T100 趋势网、穿针引线
3	国外网站	https：//lostandtaken.com https：//nowfashion.com

小贴士

点线面的设计原理

点的构成形式：越小的形体越能给人以点的感觉，不同大小、疏密的点混合排列，使之成为一种散点式的构成形式。将大小一致的点按一定的方向进行有规律的排列，会给人一种由点的移动而产生线化的感觉。以由大到小的点按一定的轨迹、方向进行变化，会产生一种优美的韵律感。相反，把点以大小不同的形式，既密集又分散地进行有目的的排列，会产生面化感。将大小一致的点以相对的方向逐渐重合，会产生微妙的动态视觉。

线的构成形式：线是点移动的轨迹。疏密变化的线，即按不同距离排列的线，透视空间的视觉效果各不相同。线粗细的变化给人的感觉也不一样，粗线一般用于外形绘画，具有肯定、明确、清晰的特点；细线一般用于零部件和细节的绘画，可以表现更为精致的结构。也可将原来较为规范的线条排列做一些切换变化，使之错觉化。

面的构成形式：面体现了充实、厚重、整体、稳定的视觉效果。几何形的面，表现出规则、平稳、较为理性的视觉效果。自然形的面，不同外形的物体以面的形式出现后，给人以更为生动、厚实的视觉效果。有机形的面，呈现柔和、自然、抽象的面的形态。偶然形的面，则自由、活泼而富有哲理性。

拓展 2

在教师的指导下，根据市场调研报告，结合面料和设计原理知识，设计时尚春夏衬衣、裤子、半裙各 5 款，教师可以在此拓展环节加入不同面料的选择训练。

拓展 3

在教师的指导下，根据市场调研报告，结合面料和设计原理知识，设计时尚秋冬连衣裙 10 款。

学习任务二

休闲女装单品设计

学习目标

1. 能严格遵守工作制度，服从工作安排，按要求准备好休闲女装单品设计所需的工具、设备、材料与各项技术文件。

2. 能正确识读休闲女装单品设计各项技术文件，明确休闲女装单品设计的流程、方法和注意事项。

3. 能查阅相关技术资料，制订休闲女装单品设计计划，并在教师的指导下，通过小组讨论做出决策。

4. 能依据技术文件要求，了解企业市场需求和设计主题要求，结合流行趋势，形成初步构思和设想。

5. 能对照技术文件，独立完成市场调研和竞品分析，并选配面辅料。

6. 能在教师或企业技术人员的指导下，对照技术文件，结合休闲女装市场流行趋势，进行单品款式设计，绘制效果图、款式图。

7. 能记录休闲女装单品设计过程中的疑难点，通过小组讨论、合作探究或在教师的指导下，提出妥善解决的办法。

8. 能在教师或企业技术人员的指导下，对照技术文件，依据设计总监（或者教师）的批复向技术部门下达任务书（版单）。

9. 能在随后的制版环节中与制版师沟通各部件尺寸，直至设计师、制版师在任务书（版单）上签字确认，并持续跟进制作直至样衣完成。

10. 能展示、评价休闲女装单品设计各阶段成果，并根据评价结果，做出相应反馈。

建议学时

42 学时。

学习任务描述

设计师从技术主管处接受任务后，依据技术文件的具体要求，在市场调研后，提交完整的调研报告并做汇报，报告应包括竞品的廓型、颜色、款式、面料，以及竞品的风格、客户群、价位分析等内容。然后选配面辅料小样，以此为基础进行休闲女装单品设计。设计应符合品牌要求，具备创新性，效果图应廓型和结构清晰，工艺细节明确，款式图应做到服装结构比例准确（绘制 20 款），款式可穿性和可实施性好，并将其交给纸样师进行打版。

学习活动
秋冬女外套设计

学习目标

1. 能严格遵守工作制度，服从工作安排，按要求准备好秋冬女外套设计所需的工具、设备、材料与各项技术文件。

2. 能正确识读秋冬女外套设计各项技术文件，明确秋冬女外套设计的流程、方法和注意事项。

3. 能查阅相关技术资料，制订秋冬女外套设计计划，并在教师的指导下，通过小组讨论做出决策。

4. 能依据技术文件要求，了解企业市场需求和设计主题要求，结合流行趋势，形成初步构思和设想。

5. 能对照技术文件，独立完成市场调研和竞品分析，并选配面辅料。

6. 能在教师或企业技术人员的指导下，对照技术文件，结合秋冬女外套市场流行趋势，进行单品款式设计，绘制效果图、款式图。

7. 能记录秋冬女外套设计过程中的疑难点，通过小组讨论、合作探究或在教师的指导下，提出妥善解决的办法。

8. 能在教师或企业技术人员的指导下，对照技术文件，依据设计总监（或者教师）的批复向技术部门下达任务书（版单）。

9. 能在随后的制版环节中与制版师沟通各部件尺寸，直至设计师、制版师在任务书（版单）上签字确认，并持续跟进制作直至样衣完成。

10. 能展示、评价秋冬女外套设计各阶段成果，并根据评价结果，做出相应反馈。

一、学习准备

1. 准备服装一体化教室、设计工具。

2. 划分学习小组（每组 5~6 人），填写表 2-1。

3. 准备安全操作规程、人体规格图（见图 2-1）、秋冬女外套设计相关学习材料。

表 2-1　　　　　　　　小组成员表

组号	组内成员姓名	组长姓名

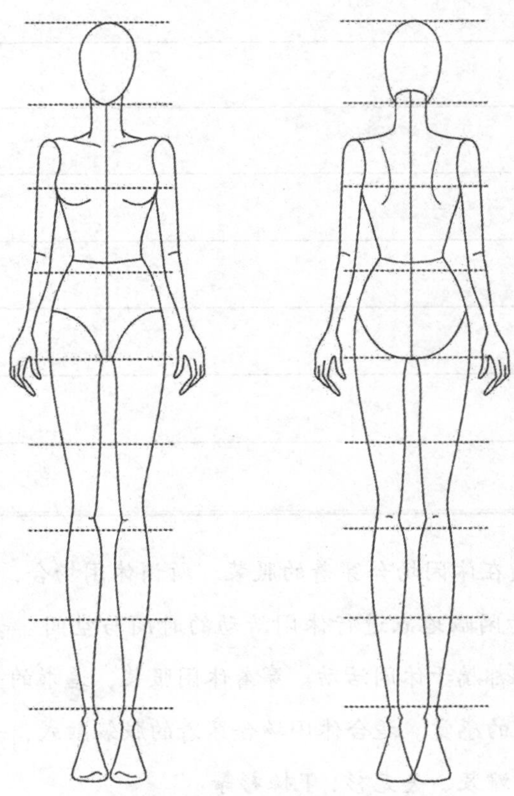

图 2-1　人体规格图

二、学习过程

（一）明确工作任务、获取相关信息

1. 知识学习

（1）学习鉴赏秋冬女外套的款式，能在服装相关网站上找到秋冬女外套款式，并整理出有用的资源。

（2）学习女装外套常见种类、适用面料、款式特点、装饰种类。

引导问题

（3）请写出可下载服装流行资讯的常用网站或者 App。

小贴士

休闲服装是指在休闲场合穿着的服装。所谓休闲场合，就是人们在公务、工作之外，置身于闲暇地点进行休闲活动的时间与空间。如居家、健身、娱乐、逛街、旅游等都属于休闲活动。穿着休闲服装，追求的是舒适、方便、自然，给人无拘无束的感觉。适合休闲场合穿着的服装款式，一般有家居装、牛仔装、运动装、沙滩装、夹克衫、T 恤衫等。

现在休闲外套已成为女性日常生活中不可或缺的一种单品服装，与其他的女性服装不同，休闲外套主要体现女性向往自由、无拘无束的生活状态，如图 2–2 所示。

图 2-2　休闲外套

worldskills international 世赛链接

秋冬女外套设计是世界技能大赛时装技术项目重点考察的单元。其系列设计项目，主要考察选手对于面料、服装市场以及流行元素的把控能力及其相应的设计能力。世界技能大赛时装技术项目秋冬女外套系列设计选手作品如图 2–3 所示。

第 46 届世界技能大赛时装技术项目国家“十强”选拔赛中，选手要在规定的时间内设计并制作完成一件秋冬女外套。图 2–4 所示为选手在比赛中完成的作品。

图 2–3　世界技能大赛时装技术项目秋冬女外套系列设计选手作品

图 2–4　秋冬女外套作品

小贴士

服装的整体造型效果是由各部件的造型组合决定的。这些部件就是造型的元素。造型元素及其组合的变化无穷无尽，体现丰富的服装设计语言。

女装外套有很多种造型，将其按英文字母特征可归纳为A型、H型、O型、T型、X型五个基本型，如图2–5所示。

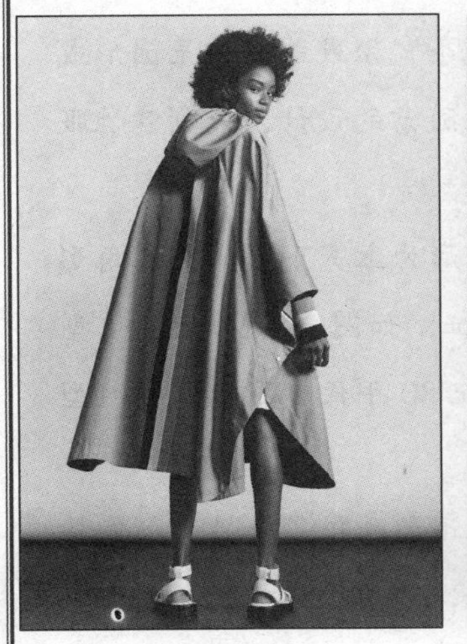

a）A型服装

b）H型服装

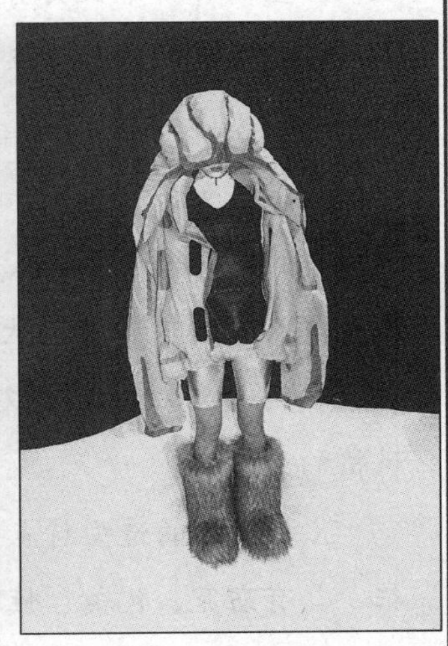

c）O型服装

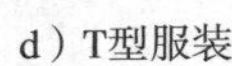

d）T型服装

e）X型服装

图2–5　女装外套各种造型

A型服装的造型特点是上身收紧，下摆宽大，外形呈正三角形，具有稳重安定感或洒脱、活泼的特点，如图2–5a所示。

H 型服装的造型特点是平肩，不收腰，外形呈筒状，如图 2–5b 所示。这种外廓平直的直筒造型设计，具有简洁利落、安详庄重、流畅不贴身、不束缚人体活动等优点，外观感觉十分舒适、轻松。H 型造型在很多类型的服装设计中都有运用，如礼服、休闲服等。中国传统服装多采用这种较含蓄、保守的造型。H 型的外廓不仅具有完美的功能性，而且能掩饰人体的缺陷。

O 型服装的造型特点是收缩肩部、下摆，腰部线条宽松或蓬起，呈圆形或椭圆形造型，外观饱满、夸张、圆润，常用于休闲、随意的设计，或创意性服装的设计，如图 2–5c 所示。

T 型服装的造型特点是肩部夸张，下摆收紧，外形为上宽下窄的倒三角形或倒梯形，具有简单、大方、较为男性化的性格特征，如图 2–5d 所示。T 型造型多用于男装的设计以及中性风格的服装，20 世纪 80 年代曾流行这种造型风格的女装。

X 型服装的造型特点是宽肩、收腰、宽摆，外观造型夸张了女性的形体特征，具有窈窕、优美、性感、女人味十足的性格特征，常用于晚礼服或淑女装的设计，如图 2–5e 所示。

引导问题

（4）请在下框中画出秋冬女外套常见的造型。

引导问题

（5）请写出今年女装外套常见的色彩和面料。

____

____

引导问题

（6）请在下框中画出秋冬女外套常见的口袋细节。

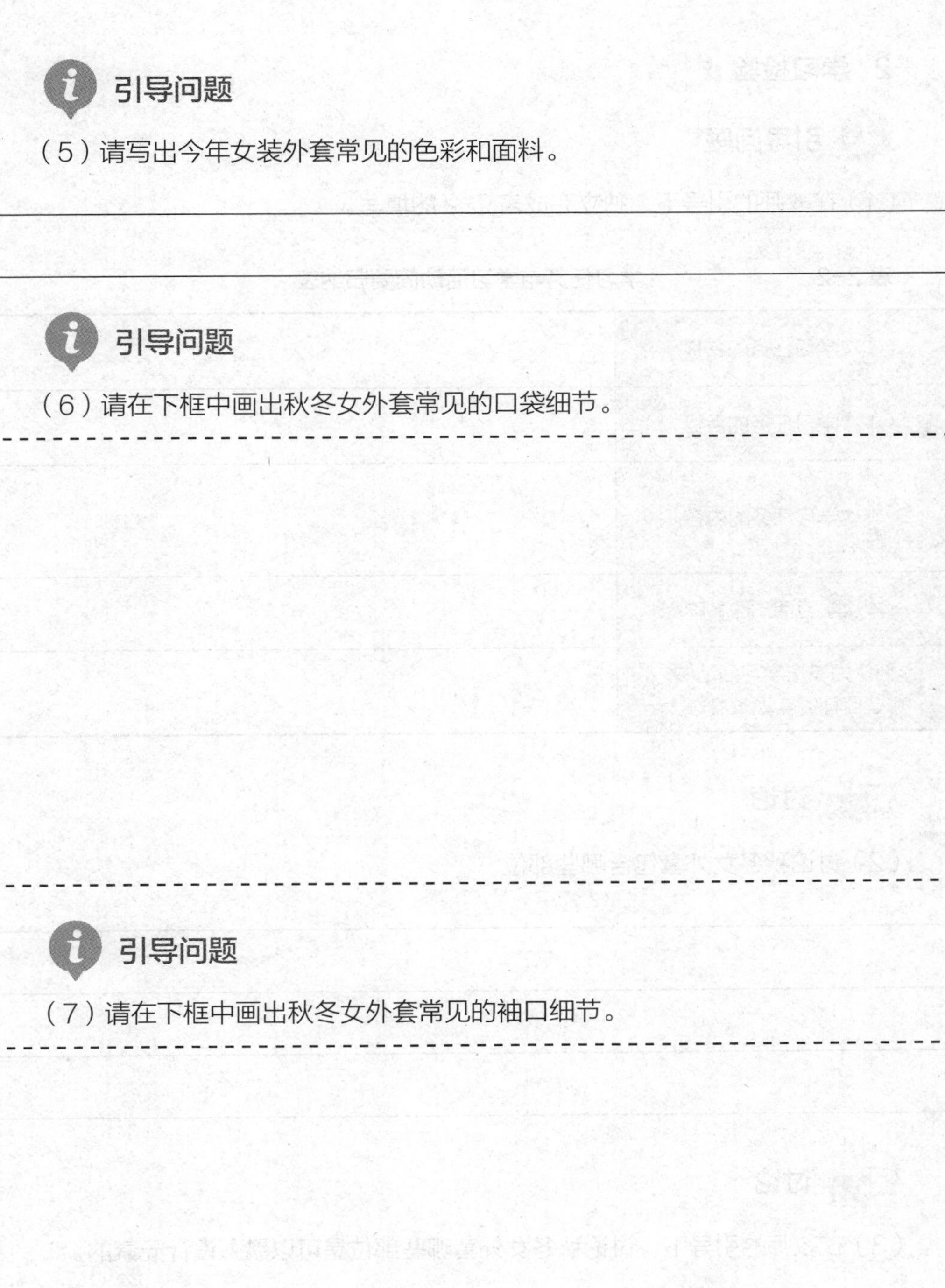

引导问题

（7）请在下框中画出秋冬女外套常见的袖口细节。

2. 学习检验

引导问题

（1）在教师的引导下，独立完成表 2-2 的填写。

表 2-2　　　　　　学习任务与学习活动简要归纳表

本次学习任务的名称	
本次学习任务的目标	
本次学习任务的内容	
本次学习活动的名称	
你认为本次学习活动中 哪些目标的实现难度较大	

讨论

（2）讨论秋冬女外套包含哪些部位。

讨论

（3）在教师的引导下，讨论秋冬女外套哪些部位是可以融入设计元素的。

引导问题

（4）外套是女性服装的主要品种之一，具有款式丰富多变、造型优雅成熟的风格特点。外套种类很多，图 2-6 所示是按单品分类的外套，图 2-7 所示是按面料分类的外套，请在图形对应的下方填写外套种类名称。

（1）________________

（2）________________

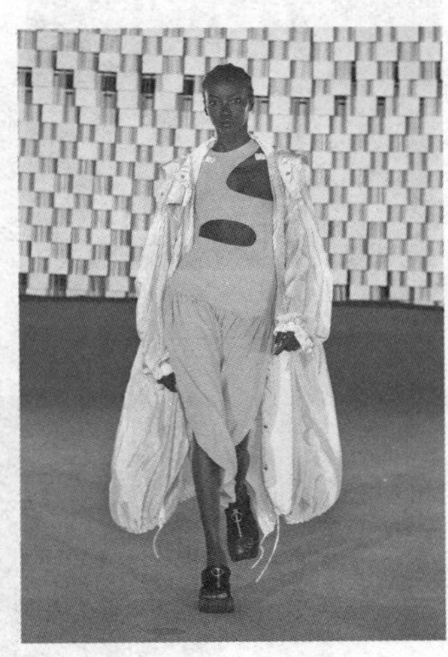

（3）________________

（4）________________

（5）________________

图 2-6　按单品分类的外套

（1）________________

（2）________________

（3）

（4）________________

（5）________________

图 2–7　按面料分类的外套

引导、评价、更正与完善

在教师讲评引导的基础上，对本阶段的学习活动成果进行自我评分和小组评分（100 分制），之后独立用红笔对本阶段的引导问题的回答进行更正和完善。

项目	类别	分数	项目	类别	分数
自我评分	关键能力		小组评分	关键能力	
	专业能力			专业能力	

（二）秋冬女外套设计计划与决策

1. 知识学习

学习制订计划的基本方法、内容和注意事项。

任何完整的计划都要经过一个工作过程，这就是认识机会、确立目标、拟定前提条件、确定可供选择的方案、评价可供选择的方案、挑选方案、制订辅助计划、用预算使计划数字化。制订计划可以遵循以下步骤：整个工作的目标是什么？计划工作的内容是什么？具体可以概括为 6 个方面，即做什么（What）、为什么做（Why）、何时做（When）、何地做（Where）、谁去做（Who）、怎么做（How）；简称为“5W1H”。整个工作分几步实施？过程中要注意什么？小组成员之间应该如何配合？出现问题应该如何处理？

2. 学习检验

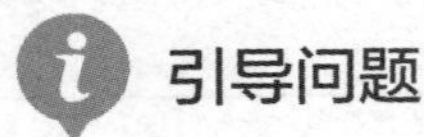

（1）在教师的引导下，通过小组讨论，制订秋冬女外套设计计划并做出决策。

引导问题

（2）你在制订计划的过程中承担了什么工作？有什么体会？

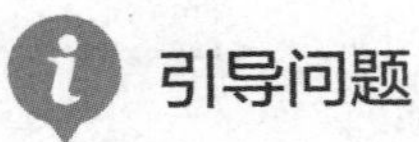

（3）对小组的计划，教师给出了什么修改建议？为什么？

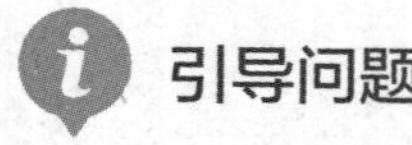

引导问题

（4）你认为计划中哪些方面比较难实施？为什么？你有什么想法？

____

____

____

引导问题

（5）小组最终做出了什么决定？是如何做出的？

____

____

____

____

引导、评价、更正与完善

在教师讲评引导的基础上，对本阶段的学习活动成果进行自我评分和小组评分（100分制），之后独立用红笔对本阶段的引导问题的回答进行更正和完善。

项目	类别	分数	项目	类别	分数
自我评分	关键能力		小组评分	关键能力	
	专业能力			专业能力	

（三）秋冬女外套设计与检验

1. 知识学习

（1）服装企业中产品名称与产品编号的规则

在我国，零售商品的标识代码主要采用GTIN（全球贸易项目代码，即Global Trade Item Number）的三种数据结构，即EAN/UCC-13、EAN/UCC-8和UCC-12。通常情况下，选用13位的数字代码结构用EAN-13条码表示。只有当产品出口到北美地区并且客户指定时，才申请使用UCC-12代码（用UPC条码表示）。中国厂商如需申请UPC商品条码，须经中国物品编码中心统一办理。

（2）产品标识的构成要素

商标：服装商标是服装生产企业、销售企业专用于本企业生产销售的服装上的标记，其形式有文字商标、图形商标以及文字和图形相结合的组合商标。企业将其商标向政府商标主管机构（商标局）申请注册后，在法定期限内享有该商标的专用权。其他产销者未经商标注册人的许可，不得使用和假冒，违者应追究法律责任。商标权只在商标注册的国家或地区受法律的保护，而且只有在法律保护期限内有效，保护期一般为10~15年。我国商标法规定注册商标有效期为10年。

吊牌：服装吊牌即各种服装上吊挂的牌子，包含服装材质、洗涤注意事项等信息。从质地上看，吊牌的制作材料大多为纸质，也有塑料的、金属的。另外，还出现了用全息防伪材料制成的新型吊牌。从造型上看，吊牌形式多种多样，有长条形、对折形、圆形、三角形、插袋式以及其他特殊造型。国家标准《消费品使用说明　第4部分：纺织品和服装》（GB 5296.4—2012）规定了吊牌的8项内容要求：①制造者的名称和地址；②产品名称；③产品号型或规格；④纤维成分及含量；⑤维护方法；⑥执行的产品标准；⑦安全类别；⑧使用和贮藏注意事项。

水洗标：在国家标准《纺织品　维护标签规范　符号法》（GB/T 8685—2008）中明确规定了表示纺织品维护方法的符号。在做水洗标时必须使用此标准规定的符号，不可另外编造符号。如果需要对符号做出解释，也必须用标准中规定的解释。水洗标标注的图形符号按照水洗、氯漂、熨烫、干洗、水洗后干燥的顺序排列，这5个符号可以按实际情况选择，不一定都有。服装的耐久性标签上一定要有洗涤方法标注。吊牌上可以有此内容，也可以没有；如果有的话，一定要和耐久性标签相应内容保持一致，所选择的图形符号不可相矛盾。如果图形符号满足不了需要，可以增加补充性说明，并且补充性说明要使用规范汉字。应注意的是，要根据产品的特点，如纤维成分、结构等选择合适的洗涤维护符号。图2-8所示为纺织品常见维护符号。

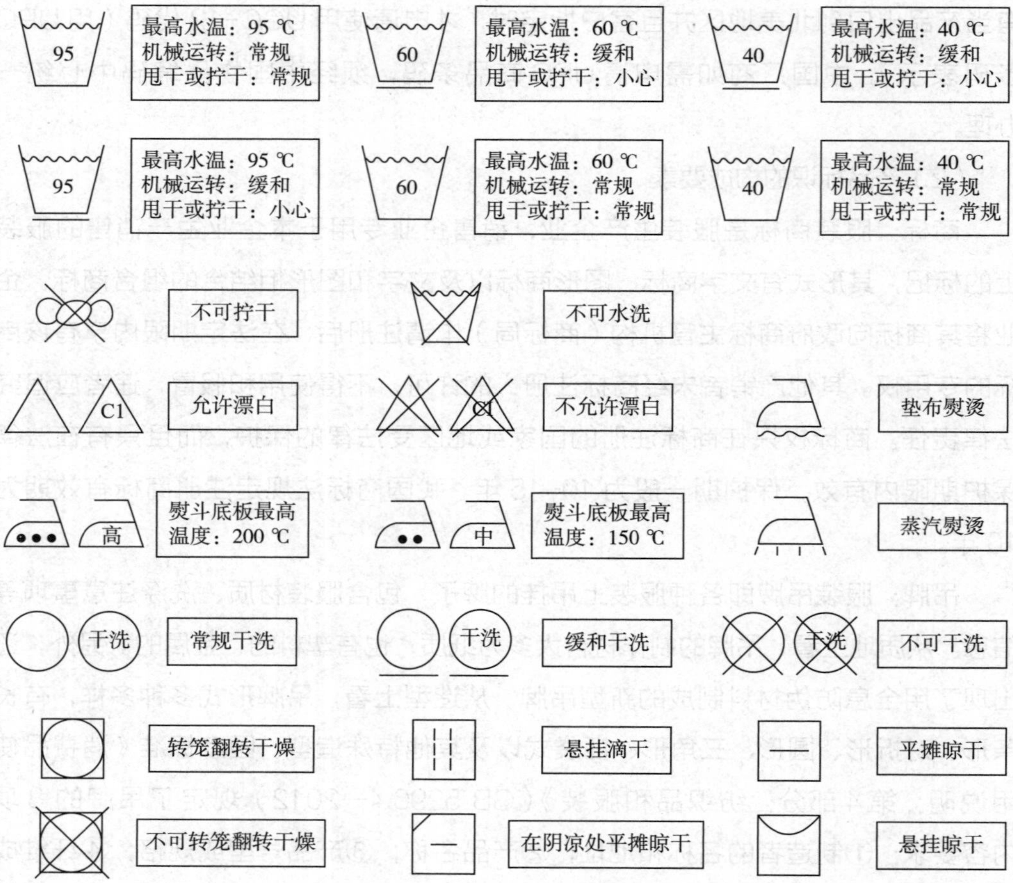

95 最高水温：95 ℃ 机械运转：常规 甩干或拧干：常规
60 最高水温：60 ℃ 机械运转：缓和 甩干或拧干：小心
40 最高水温：40 ℃ 机械运转：缓和 甩干或拧干：小心
95 最高水温：95 ℃ 机械运转：缓和 甩干或拧干：小心
60 最高水温：60 ℃ 机械运转：常规 甩干或拧干：常规
40 最高水温：40 ℃ 机械运转：常规 甩干或拧干：常规
不可拧干
不可水洗
C1 允许漂白
C1 不允许漂白
垫布熨烫
高 熨斗底板最高温度：200 ℃
中 熨斗底板最高温度：150 ℃
蒸汽熨烫
干洗 常规干洗
干洗 缓和干洗
干洗 不可干洗
转笼翻转干燥
悬挂滴干
平摊晾干
不可转笼翻转干燥
在阴凉处平摊晾干
悬挂晾干

图 2-8 纺织品常见维护符号

成分标：即缝制在服装上、表明服装面料和里料中纤维原料成分及其含量的标志。服装面料的纤维成分组成形式较多，成分标应能明确显示该面料是纯纺产品，还是混纺产品，并显示每种纤维含量占纤维总量的百分比。

号型标：服装号型是根据正常人体规律和使用需要，选出最有代表性的部位，经合理归并设置的。“号”指高度，以厘米表示人体的身高，是设计服装长度的依据；“型”指围度，以厘米表示人体胸围或腰围，是设计服装围度的依据。示例如下：

上装型号 160/84A：160 指身高尺寸，84 指胸围尺寸，A 指体型为正常体型。

下装型号 160/68A：160 指身高尺寸，68 指腰围尺寸，A 指体型为正常体型。

体型分类：A—正常体型；B—偏胖体型；C—肥胖体型；Y—偏瘦体型。

女装尺码对照表见表 2-3。

表 2-3　　女装尺码对照表　　单位：cm

尺码	0 小 1	2（S） 小	4（M） 中	6（L） 大	8（XL） 加大	24（XXL）加加大
胸围	77~79	79~83	83~86	86~90	90~94	94~98 （2 尺 8 寸 2~ 2 尺 9 寸 4）
腰围	60~63	63~66	66~73	73~76	76~79	79~80 （2 尺 2 寸 7~ 2 尺 4 寸）
臀围	84~87	87~93	93~96	96~99	99~103	103~104 （3 尺 0 寸 2~ 3 尺 1 寸 2）
裤长	100	102	104	106	108	110 （3 尺 3 寸）

（3）单品服装设计要素

单品服装设计要素包括流行元素、色彩、面料、款式造型、工艺等。学生可以在这些方面进行设计。

世赛链接

世界技能大赛时装技术项目注重考察选手对设计要素的综合运用能力，如搭配能力、综合设计能力、流行元素设计能力等。图 2–9 所示为世赛选手的外套设计作品。

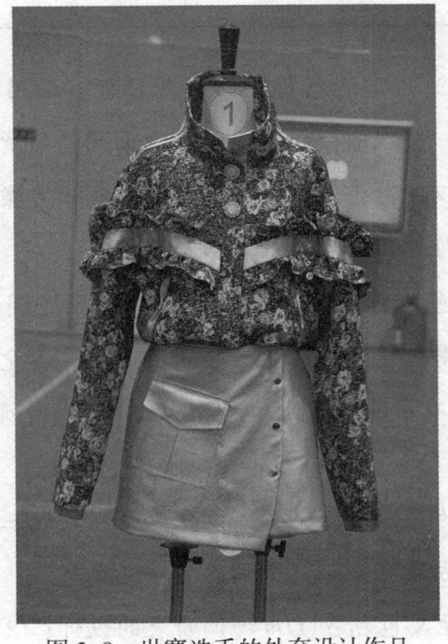

图 2–9　世赛选手的外套设计作品

2. 技能训练

实践

（1）制订调研计划，完成表 2-4 的填写。

表 2-4　　小组调研计划表

组名		调研地点		调研时间	
成员	（组长）				
联系电话					
款式市场					
面料市场					
客户分析					

小贴士

市场调研就是企业为了达到特定的经营目标，运用科学的方法，通过各种途径、手段去收集、整理、分析有关市场方面的情报资料，从而掌握市场的现状及其发展趋势，以便对企业经营方面的问题提出方案或建议，供企业决策人员进行科学的决策时作为参考的一种活动。

市场调研的内容包括以下几个方面：①宏观经济调研；②科学技术发展动态的调研；③用户需求的调研；④产品销售调研；⑤竞争对手的调研。

市场调研的类型有：①探测性调研；②描述性调研；③因果关系调研；④预测性调研。

市场调研一般分为调研准备、正式调研和资料处理三个阶段。

市场调研的基本方法可分为：①询问法：②观察法；③实验法。

市场调研的技术主要包括：①市场调研表的设计；②调研对象的选择。

引导问题

（2）请查阅资料，写出市场调研的原则、方法、技巧与注意事项。

引导问题

（3）根据调研计划进行市场及网络调研，并根据教师提供的市场调研报告案例撰写调研报告（另附纸），并将调研报告制作成 PPT。

引导问题

（4）根据课前分组所做的调研报告（PPT）进行汇报，并给出小组的结论。

引导问题

（5）根据教师对调研报告的修改意见，将本组确定的秋冬女外套造型及设计元素绘制或者书写在下框中。

引导问题

（6）将通过市场调研收集的面料信息进行分类整理，填写在表 2–5 中。

表 2–5　　面料分类表

序号	面料名称	面料小样	质地	成分	幅宽	缩水率	联系电话	价格
1								
2								
3								
4								
5								
6								
7								
8								
9								
10								

引导问题

（7）在教师的指导下，结合收集的资料，完成单品服装的造型收、放设计。其设计方法与要领（包括省道、分割线、褶皱、暗加层、部件膨胀等设计）可以有哪些变化？

引导问题

（8）在教师的指导下，结合收集的资料，完成单品服装的开、合设计。其设计方法与要领（包括门襟、开叉、开口、拉链、按扣、挂钩等设计）可以有哪些变化？

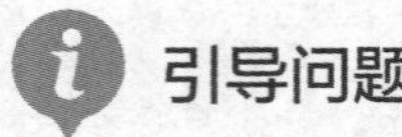

（9）在教师的指导下，结合收集的资料，完成单品服装的边缘设计。其设计方法与要领（包括平面式、立体式边缘等设计）可以有哪些变化？

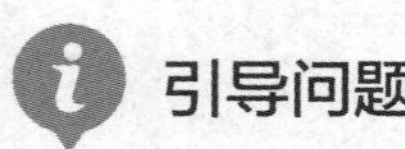

（10）根据修改后的调研报告，结合单品设计的方法和要领，在下面的人体规格图上绘制出 3~5 款秋冬女外套款式图（其他另附纸）。

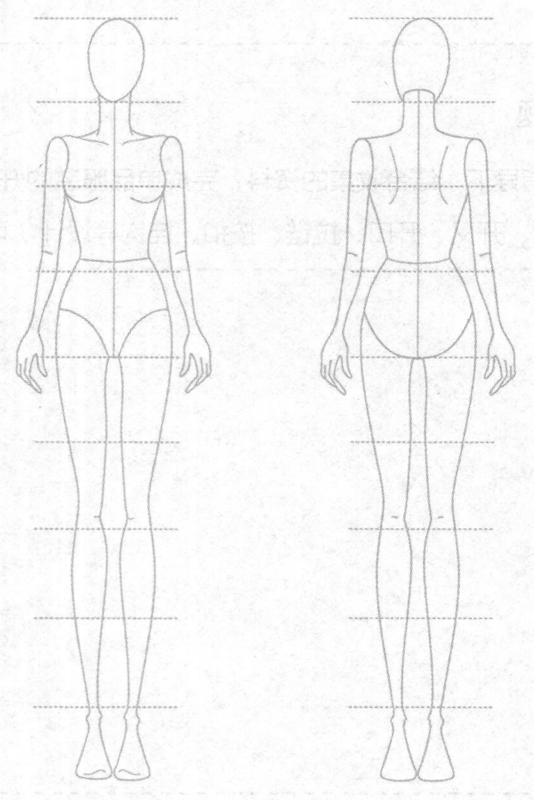

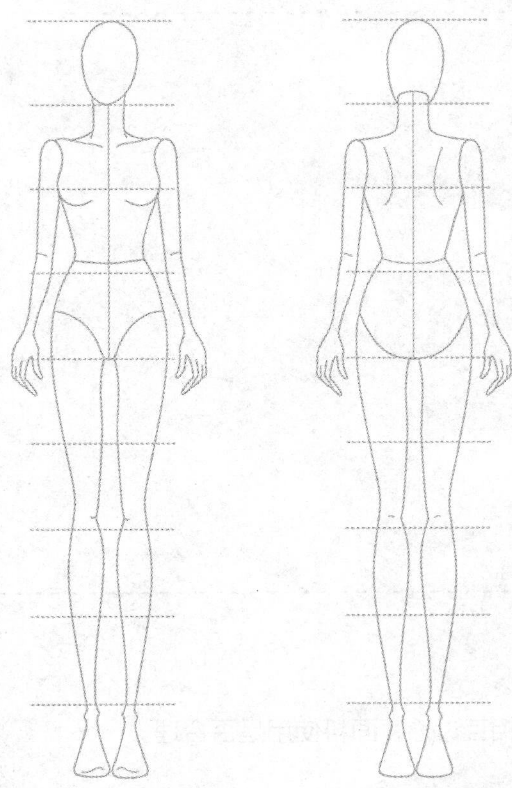

3. 学习检验

引导问题

（1）版单应包含正背面款式图、服装规格尺寸、工艺细节说明、面辅料小样。检查自己的作业是否具备以上要素，并将未标注的写下来。

引导问题

（2）请每组同学自查，本组的设计图是否具备打版条件，将有疑问的地方记录下来。

讨论

（3）请本组同学相互讨论，面料使用是否合理。

____

____

小贴士

选择服装材料的原则与依据是：服装外观的审美性、流行性，服装穿着的舒适性（包括心理和生理），服装优良的服用性和耐用性，穿用方便性和易保管性，穿着安全，价格实惠等。

选择服装材料的要求如下：织物的颜色要纯正、匀净，织物的布面要纹路清晰，布边要顺直且平整，布面光泽自然。另外，通过手感还可以判断衣料的轻薄、飘逸，或厚实、挺括，这是仪器无法取代的主观判断，需经验的积累。

引导问题

（4）请按照表 2-6 的要求填写成衣规格尺寸，并在每个成衣设计图上标注好成衣规格尺寸。

表 2-6　　　　　　成衣规格尺寸

序号	部位	尺寸
1	衣长	
2	胸围	
3	腰围	
4	臀围	
5	袖长	
6	肩宽	

引导问题

（5）在秋冬女外套系列设计中，教师给本组的意见是什么？

检验修正

（6）在教师的指导下，对照表 2-7 所示检查方法，独立完成本组的作品复核，写出修改意见，并根据修改意见将设计图重新绘制并勾线。

表 2-7　　　　　　检查部位表

序号	部位	自评分	教师评分
1	每张款式图要干净、整洁，不能有铅笔印，3~5 张数量准确		
2	每个设计图要附有服装规格尺寸、面辅料小样		
3	设计图要有正背面款式图及工艺细节说明		
4	设计图正背面要非常流畅		
5	设计图面料选择及表达要到位		
6	款式设计符合目标企业定位		
7	细节表达准确，无难以阅读的情形，以至于制版师无法制版（如贴边线或里子缺失，门襟、齿带、扣眼、兜位未标示等）		
8	设计图整体线条顺直，轮廓清晰，画线无过重或过轻表达		
9	领口、袖笼或者下摆是否太紧，有无拉链或者扣子，是否便于穿脱及活动等		
10	设计图要具有一定的流行元素		

修改意见:

____

____

____

引导、评价、更正与完善

在教师讲评引导的基础上，对本阶段的学习活动成果进行自我评分和小组评分（100 分制），之后独立用红笔对本阶段的引导问题的回答进行更正和完善。

项目	类别	分数	项目	类别	分数
自我评分	关键能力		小组评分	关键能力	
	专业能力			专业能力	

（四）成果展示与评价反馈

1. 知识学习

学习展示的基本方法、评价的标准和方法。可参考世界技能大赛时装技术项目对系列设计及款式设计的评价标准和方法。

2. 技能训练

实践

在教师的指导下，以小组为单位，展示已完成的设计图作品，并进行工作介绍。

（1）PPT 展示

将小组 3~5 张设计图和前期的市场调研 PPT 结合进行展示，要求照片清晰度高且不歪斜，无美颜、伸缩、修图等情况。

（2）KT 板展示

小组设计图装裱在 KT 板上时，要进行加厚处理，用大头针固定，大头针不能遮盖住设计图图片，且要注意 KT 板反面大头针的安全问题。

3. 学习检验

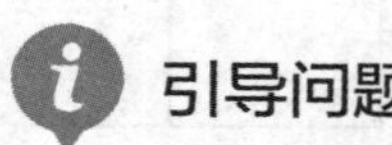

引导问题

（1）在教师的指导下，对照表 2-7，在小组内进行作品展示，然后经由小组讨论，推选出一组最佳作品，进行全班展示与评价，并由组长简要介绍推选的理由，小组其他成员做补充并记录。

小组最佳作品制作人：________________

推选理由：____

____

____

其他小组评价意见：____

____

____

教师评价意见：____

____

____

引导问题

（2）将本次学习活动中出现的问题及其产生的原因和解决的办法填写在表 2-8 中。

表 2-8　　　　　　　　问题分析表

出现的问题	产生的原因	解决的办法
1.		
2.		
3.		
…		

自我评价

（3）将本次学习活动中自己最满意的地方和最不满意的地方各写一点，并简要说明原因，然后完成学习活动考核评价表（见表 2-9）的填写。

最满意的地方：____

最不满意的地方：____

表 2–9　　学习活动考核评价表

学习活动名称：秋冬女外套设计

班级：　　学号：　　姓名：　　指导教师：

评价项目	评价标准	评价依据	评价方式			权重	得分小计	总分
			自我评价	小组评价	教师（企业）评价			
			10%	20%	70%			
关键能力	1. 能执行安全操作规程 2. 能参与小组讨论，进行相互交流与评价 3. 能积极主动学习，勤学好问 4. 能清晰、准确地表达 5. 能清扫场地和工作台，归置物品，填写活动记录	1. 课堂表现 2. 工作页填写				40%		
专业能力	1. 能根据任务要求进行市场调研计划分组 2. 能根据调研计划进行不同市场的调研，并写出调研报告，制作成 PPT 形式 3. 能将本组调研报告展示给设计总监（教师及企业导师），并记录其反馈的意见 4. 能按照设计秋冬女外套所必需的知识点去查阅书籍及网络资讯，并加以记录 5. 能根据设计总监的意见、知识点及流行趋势，制订设计计划 6. 能根据面料市场调研分类整理面料小样 7. 能根据设计计划完成本组的 3~5 张秋冬女外套设计图 8. 能在面料小样库中为设计选择合理的面辅料 9. 能记录秋冬女外套设计过程中的疑难点，并在教师的指导下，通过小组讨论或独立思考与实践加以解决	1. 课堂表现 2. 工作页填写 3. 提交的秋冬女外套设计图				60%		
指导教师综合评价	指导教师签名：　　日期：							

三、学习拓展

说明：本阶段学习拓展建议学时为 24 学时，要求学生在课后独立完成。教师可根据本校的教学需要和学生的实际情况，选择部分或全部进行实践，也可另行选择相关拓展内容，亦可不实施本学习拓展，将其所需学时用于学习过程阶段实践内容的强化。

休闲女装单品设计包括衬衣、裤子、半裙、连衣裙、外套、大衣、风衣等品种，它们的设计过程是相同的。拓展内容建议在训练单品的基础上将单品进行组合，如外衣与裤子或半裙组合，衬衫与裤子或半裙组合等。

拓展

在教师的指导下，运用计算机绘图软件（Photoshop、Illustrator、CorelDRAW等）绘制休闲秋冬衬衣、裤子、半裙设计图各 3 款，教师可以在此拓展环节加入不同面料的选择训练。

学习任务三
团体服装单品设计

学习目标

1. 能严格遵守工作制度，服从工作安排，按要求准备好团体服装单品设计所需的工具、设备、材料与各项技术文件。

2. 能正确识读团体服装单品设计各项技术文件，明确团体服装单品设计的流程、方法和注意事项。

3. 能查阅相关技术资料，制订团体服装单品设计计划，并在教师的指导下，通过小组讨论做出决策。

4. 能依据技术文件要求，了解企业市场需求和设计主题要求，结合流行趋势，形成初步构思和设想。

5. 能对照技术文件，独立完成市场调研和竞品分析，并选配面辅料。

6. 能在教师或企业技术人员的指导下，对照技术文件，结合团体服装市场流行趋势，进行单品款式设计，绘制效果图、款式图。

7. 能记录团体服装单品设计过程中的疑难点，通过小组讨论、合作探究或在教师的指导下，提出妥善解决的办法。

8. 能在教师或企业技术人员的指导下，对照技术文件，依据设计总监（或者教师）的批复向技术部门下达任务书（版单）。

9. 能在随后的制版环节中与制版师沟通各部件尺寸，直至设计师、制版师在任务书（版单）上签字确认，并持续跟进制作直至样衣完成。

10. 能展示、评价团体服装单品设计各阶段成果，并根据评价结果，做出相应反馈。

建议学时

66 学时。

学习任务描述

设计师从技术主管处接受任务后，依据技术文件的具体要求，在市场调研后，提交完整的调研报告并做汇报，报告应包括竞品的廓型、颜色、款式、面料，以及竞品的风格、客户群、价位分析等内容。然后选配面辅料小样，以此为基础进行团体服装单品设计。设计应符合品牌要求，具备创新性，效果图应廓型和结构清晰，工艺细节明确，款式图应做到服装结构比例准确（绘制 20 款），款式可穿性和可实施性好，并将其交给纸样师进行打版。

学习活动 1
团体商务女西服单品设计

学习目标

1. 能严格遵守工作制度，服从工作安排，按要求准备好团体商务女西服单品设计所需的工具、设备、材料与各项技术文件。

2. 能正确识读团体商务女西服单品设计各项技术文件，明确团体商务女西服单品设计的流程、方法和注意事项。

3. 能根据企业提供资料快速掌握企业文化及特点。

4. 能查阅相关技术资料，制订团体商务女西服单品设计计划，并在教师的指导下，通过小组讨论做出决策。

5. 能依据技术文件要求，了解企业市场需求和设计主题要求，结合流行趋势，形成初步构思和设想。

6. 能对照技术文件，独立完成市场调研和竞品分析，并选配面辅料。

7. 能在教师或企业技术人员的指导下，对照技术文件，结合团体商务女西服市场流行趋势，进行单品款式设计，绘制效果图、款式图。

8. 能记录团体商务女西服单品设计过程中的疑难点，通过小组讨论、合作探究或在教师的指导下，提出妥善解决的办法。

9. 能在教师或企业技术人员的指导下，对照技术文件，依据设计总监（或者教师）的批复向技术部门下达任务书（版单）。

10. 能在随后的制版环节中与制版师沟通各部件尺寸，直至设计师、制版师在任务书（版单）上签字确认，并持续跟进制作直至样衣完成。

11. 能展示、评价团体商务女西服单品设计各阶段成果，并根据评价结果，做出相应反馈。

一、学习准备

1. 准备服装一体化教室、设计工具。

2. 划分学习小组（每组 5~6 人），填写表 3-1。

3. 准备安全操作规程、人体规格图（见图 3-1）、团体商务女西服单品设计相关学习材料。

表 3-1　　小组成员表

组号	组内成员姓名	组长姓名

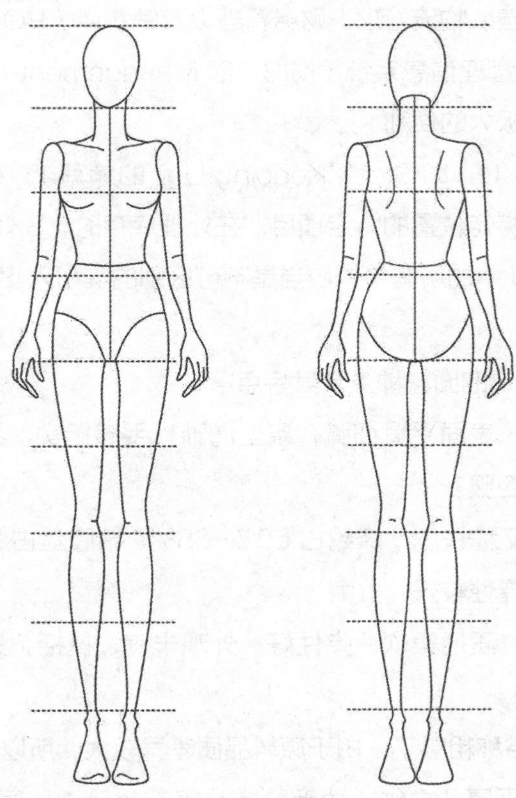

图 3-1　人体规格图

二、学习过程

（一）明确工作任务、获取相关信息

1. 知识学习

（1）学习鉴赏商务女西服的款式，能在服装相关网站上找到商务女西服款式，并整理出有用的资源。

（2）学习单品与库存量单位的概念。

单品：对一件衣服而言，当衣服品牌、型号、配置、等级、花色、生产日期、用途、价格、产地等属性与其他商品都不相同时才可称为一个单品。单品与传统意义上的“品种”的概念是不同的，用单品这一概念可以区分不同商品的不同属性，从而为商品采购、销售、物流管理、财务管理以及销售点（POS，即 Point of Sale 的缩写）软件系统与管理信息系统（MIS，即 Management Information System 的缩写）的开发提供极大的便利。

库存量单位（SKU，即 Stock Keeping Unit 的缩写）：在库存管理领域，库存量单位是指储存在特定位置的特定项目。在处理库存时，SKU 用作解聚的最小级别。储存在同一 SKU 中的所有单位应当是不可区别的。引入 SKU 的概念将简化大部分库存控制操作。

（3）学习西服常见的面料种类及其特点。

1）纯涤纶花呢：表面平滑细腻，条型清晰，手感挺实，易洗快干，穿久后易起毛。宜做男女春秋西服。

2）涤粘花呢：又称快巴，涤纶占 50%~65%、粘胶丝占 35%~50%，毛型感强，手感丰满厚实，弹性较好，价廉。

3）针织纯涤纶：质地柔软，弹性好，外观丰满、挺括，易洗快干。宜做男女春秋服装。

4）粗纺呢绒：俗称粗料子，由于原料品质差异较大，所以织品优劣悬殊较大。

5）大衣呢：有平厚、立绒、顺毛、拷花等花色品种。质地丰厚，保暖性强。用进口羊毛和一、二级国产羊毛纺制的质量较好，呢面平整，手感顺滑，弹性好。用国产三、四级羊毛纺制的手感粗硬，呢面有倒顺毛。

6）麦尔登：是用进口羊毛或国产一级羊毛混以少量精纺短毛织成的。呢面平整，质地紧密而挺实，富有弹性，不起球，不露底。宜做男女西服和女式大衣。

7）海军呢：是用一、二级国产羊毛和少量精纺短毛织成的。呢面柔软，手感挺实、有弹性，但有的产品有起毛现象。

8）制服呢：是用三、四级国产羊毛混合少量精纺回毛、短毛织成的。呢面平整，手感略粗糙，有倒顺毛，久穿后明显露底，但坚牢耐穿。宜做制服。

9）法兰绒：呢面混色灰白均匀，绒面略有露纹，手感丰满，细腻平整，美观大方。宜做男女春秋服装。

10）粗花呢：是用一至三级国产羊毛混以部分粘纤织成的。呢面粗厚，坚牢耐穿，花色繁多。宜做男女春秋两用衫。

11）涤毛花呢：其中涤纶占55%，羊毛占45%，质地较厚实，手感丰满，强力高，牢度好，挺括、抗皱性好。宜做秋冬服装。

12）凉爽呢：其中涤纶占55%、羊毛占45%，料薄，但坚牢耐穿，具有爽、滑、挺、防皱、防缩、易洗快干等特点。宜做春夏服装，不宜做冬季服装。

13）涤毛粘花呢：其中涤纶占40%、羊毛占30%、粘胶丝占30%，呢面细腻，毛型感强，条纹清晰，挺括，牢度较好，价廉。

14）华达呢：纱支细，呢面平整光洁，手感顺滑、丰厚而有弹性，纹路挺直饱满。宜缝制西服、中山服、女上装。缺点是经常摩擦的部位，如膝盖、后臀部，极易起光。

15）哔叽：纹路较宽，表面比华达呢平坦，手感软，弹性好，但不及华达呢厚实，坚牢耐穿。用途与华达呢相同。

16）花呢：呢面光洁平整，色泽匀称，弹性好，花型清晰，变化繁多。宜做男女各种外套、西服上装。

17）啥味呢：光泽自然柔和，呢面平整，表面有短细毛，手感柔软。宜做春秋两用衫及西服。

18）凡立丁：毛纱细，原料好，但密度稀，呢面光洁轻薄，手感挺滑，弹性好，色泽鲜艳耐洗。

19）派立司：光泽柔和，弹性好，手感爽滑，轻薄风凉，但牢度不及凡立丁。

引导问题

（4）根据企业提供的资料，查阅相关资料或实地考察，了解企业文化及主要经营范围、岗位设置及岗位职责。

小贴士

团体服饰是为工作需要而特制的服装。团体服饰设计时需根据客户的要求，结合职业特征、团体文化、年龄结构、体型特征、穿着习惯等，从服装的色彩、面料、款式、造型、搭配等多方面考虑，提供最佳设计方案，为客户打造富于内涵及品位的全新职业形象。团体服饰如图 3–2 所示。

图 3-2　团体服饰

 引导问题

（5）请在下框中画出团体商务女西服常见的造型。

引导问题

（6）请写出今年团体商务女西服常见的色彩和面料。

引导问题

（7）请在下框中画出团体商务女西服常见的口袋及袖口细节。

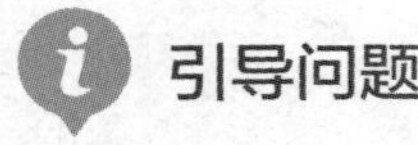

（8）请在下框中画出团体商务女西服常见的结构线分割细节。

2. 学习检验

（1）在教师的引导下，独立完成表 3-2 的填写。

表 3-2 学习任务与学习活动简要归纳表

本次学习任务的名称	
本次学习任务的目标	
本次学习任务的内容	
本次学习活动的名称	
你认为本次学习活动中哪些目标的实现难度较大	

讨论

（2）查阅资料并讨论团体商务女西服在设计时要遵循哪些原则。

讨论

（3）在教师的引导下，讨论团体商务女西服哪些部位是可以融入设计元素的。

引导问题

（4）团体商务女西服是女性服装的主要品种之一，也是象征女性社会地位转变的代表，具有款式丰富多变、造型优雅成熟的风格特点。图 3-3 所示是按面料分类的团体商务女西服，图 3-4 所示是按岗位分类的团体商务女西服。请在图形对应的下方填写团体商务女西服名称。

（1）　（2）＿＿＿＿＿　（3）＿＿＿＿＿　（4）＿＿＿＿＿

图 3-3　按面料分类的团体商务女西服

（1）________ （2）________ （3）________ （4）________ （5）________

图 3–4 按岗位分类的团体商务女西服

引导、评价、更正与完善

在教师讲评引导的基础上，对本阶段的学习活动成果进行自我评分和小组评分（100 分制），之后独立用红笔对本阶段的引导问题的回答进行更正和完善。

项目	类别	分数	项目	类别	分数
自我评分	关键能力		小组评分	关键能力	
	专业能力			专业能力	

（二）团体商务女西服单品设计计划与决策

1. 知识学习

（1）服装产品计划书包含的内容

市场调研和产品定位、灵感与主题（流行元素收集、流行预测、灵感来源、主题设计、设计元素）、产品架构（开发时间计划、产品上市计划、色彩架构、产品架构、面料架构）、系列设计（系列设计概述、系列色彩设计、系列面辅料搭配、系列款式设计、系列图案设计、系列服饰配件设计及设计评价、筛选与反思）、企业形象识别系统。

（2）团体服装设计的原则

1）明确的针对性：即针对不同行业，同一行业中的不同企业，同一企业中的不同岗位，同一岗位中的不同身份、性别等。针对性的设计点归纳为：什么人穿、穿用时间、穿用地点、为什么穿、穿什么。什么人穿，在狭义上是指在规定时间内、在自己供职的地点从事公务活动或商务活动的一部分人，在广义上是指喜欢同一类风格的消费群。这里的“人”表现为一个群体，其工作特性、个人与群体风格、生理与心理需求、政治经济地位、文化素养等都具有相似性，而设计要求具体而各异。服装穿用时间与地点是反映职业的大环境与小环境因素，时间有春夏秋冬，白天与夜晚之别；地点则表现为地域性的大环境与具体工作时的小环境。

2）经济性：除了少数价格昂贵的团体服装，如特定的礼仪服、特种服外，大多数团体服装要求具有合理的性价比，即在满足同等美感与功能的前提下，设计工作服要尽可能降低成本，从款式、材料、制作的难度、服装的结构等细处着眼。

3）美观性：团体服装的审美性由服装的质量决定。工作服因方便工作而制作，其制作工艺尤为重要。

4）功能性：团体服装可以根据公司情况选定款式面料。例如，建筑公司团体服装，应该选用耐磨性面料；电子公司团体服装，应该选用防静电面料。工作服在定制时就应该选好面料，只有这样才能达到最佳实用性。

5）增强员工的归属感：团体服装的设计一定要根据企业文化来设计。只有这样，员工穿上自己公司的团体服装时，才会有很强的企业归属感，有利于团队的建设。

2. 学习检验

（1）在教师的引导下，通过小组讨论，制订团体商务女西服设计计划并做出决策。

（2）你在制订计划的过程中承担了什么工作？有什么体会？

引导问题

（3）对小组的计划，教师给出了什么修改建议？为什么？

引导问题

（4）你认为计划中哪些地方比较难实施？为什么？你有什么想法？

引导问题

（5）小组最终做出了什么决定？是如何做出的？

引导、评价、更正与完善

在教师讲评引导的基础上，对本阶段的学习活动成果进行自我评分和小组评分（100分制），之后独立用红笔对本阶段的引导问题的回答进行更正和完善。

项目	类别	分数	项目	类别	分数
自我评分	关键能力		小组评分	关键能力	
	专业能力			专业能力	

（三）团体商务女西服单品设计与检验

1. 知识学习

通过查阅相关学术论文，了解服装流行的规律：服装流行具有周期性规律，具体表现为服装样式的循环往复性回归以及服装流行生命周期的更迭。这个周期性规律受到社会环境的四大因素、个人审美变迁以及偶发性事件的支配和制约。试从服装流行的角度出发，分析各因素对服装流行周期性规律的影响及表现形式。

2. 技能训练

实践

（1）制订调研计划，完成表 3-3 的填写。

表 3-3　　　　小组调研计划表

组名		调研地点		调研时间	
成员	（组长）				
联系电话					
款式市场					
面料市场					
客户分析					

引导问题

（2）款式设计的哪些细节应符合企业不同职位的要求，体现企业的形象，展现企业文化？

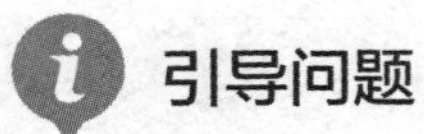

（3）根据调研计划进行市场及网络调研，并根据教师提供的市场调研报告案例撰写调研报告（其他另附纸），并将调研报告制作成 PPT。

引导问题

（4）根据课前分组所做的调研报告（PPT）进行汇报，并给出小组的结论。

引导问题

（5）根据教师对调研报告的修改意见，将本组确定的团体商务女西服造型及设计元素绘画或者书写在下框中。

 引导问题

（6）将通过市场调研收集的面料信息进行分类整理，填写在表 3-4 中。

表 3-4 面料分类表

序号	面料名称	面料小样	质地	成分	幅宽	缩水率	联系电话	价格
1								
2								
3								
4								
5								
6								
7								
8								
9								
10								

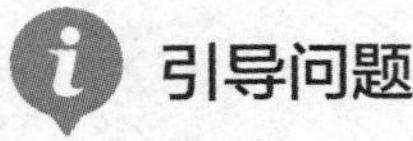

（7）在教师的指导下，结合收集的资料，完成单品服装的造型收、放设计。其设计方法与要领（包括省道、分割线、褶皱、暗加层、部件膨胀等设计）可以有哪些变化?

引导问题

（8）在教师的指导下，结合收集的资料，完成单品服装的装饰要素设计。

引导问题

（9）在教师的指导下，结合收集的资料，完成单品服装的开、合设计。其设计方法与要领（包括门襟、开叉、开口、拉链、按扣、挂钩等设计）可以有哪些变化？

引导问题

（10）在教师的指导下，结合收集的资料，完成单品服装的边缘设计。其设计方法与要领（包括平面式、立体式边缘等设计）可以有哪些变化？

引导问题

（11）根据修改后的调研报告，结合单品设计的方法和要领，在下面的人体规格图上绘制出 3~5 款团体商务女西服款式图（其他另附纸）。

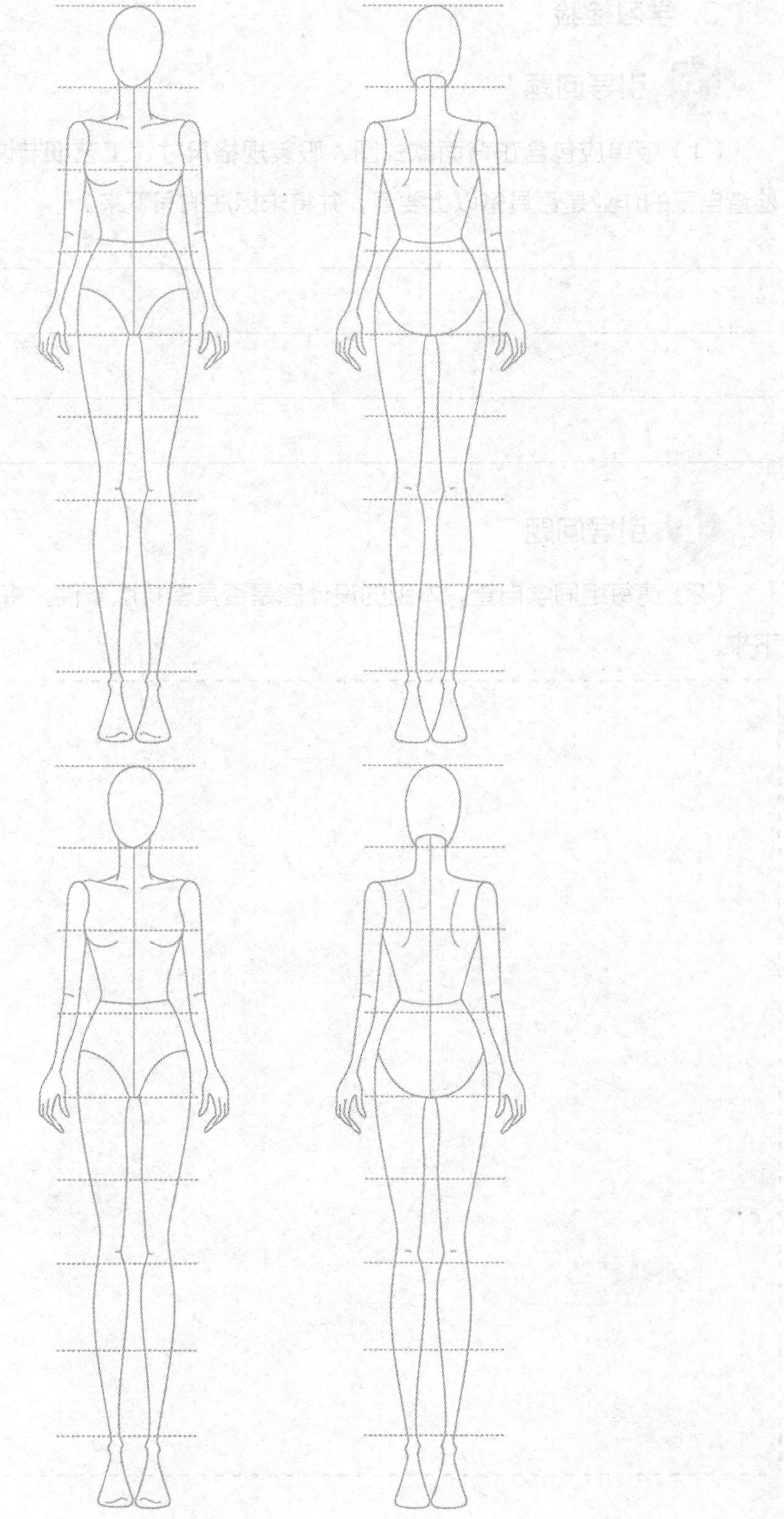

3. 学习检验

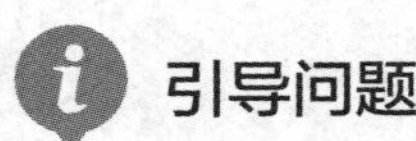

（1）版单应包含正背面款式图、服装规格尺寸、工艺细节说明、面辅料小样。检查自己的作业是否具备以上要素，并将未标注的写下来。

____

____

____

____

引导问题

（2）请每组同学自查，本组的设计图是否具备打版条件，将有疑问的地方记录下来。

（3）请本组同学相互讨论，面料使用是否合理。

____

____

____

引导问题

（4）请按照表 3–5 的要求填写成衣规格尺寸，并在每个成衣设计图上标注好成衣规格尺寸。

表 3–5 成衣规格尺寸

序号	部位	尺寸
1	衣长	
2	胸围	
3	腰围	
4	臀围	
5	袖长	
6	领围	
7	袖笼围	
8	袖口围	
9	下摆围	

引导问题

（5）在团体商务女西服系列设计中，教师给本组的意见是什么？

____

____

____

检验修正

（6）在教师的指导下，对照表 3-6 所示检查方法，独立完成本组的作品复核，写出修改意见，并根据修改意见将设计图重新修改绘制并勾线。

表 3-6　　检查部位表

序号	部位	自评分	教师评分
1	每张款式图要干净、整洁，不能有铅笔印，3~5 张数量准确		
2	每个设计图要附有服装规格尺寸、面辅料小样		
3	设计图要有正背面款式图及工艺细节说明		
4	设计图正背面要非常流畅		
5	设计图面料选择及表达要到位		
6	款式设计符合目标企业定位		
7	细节表达准确，无难以阅读的情形，以至于制版师无法制版（如贴边线或里子缺失，门襟、齿带、扣眼、兜位未标示等）		
8	设计图整体线条顺直，轮廓清晰，画线无过重或过轻表达		
9	领口、袖笼或者下摆是否太紧，有无拉链或者扣子，是否便于穿脱及活动等		
10	设计图要具有一定的流行元素		

修改意见：

引导、评价、更正与完善

在教师讲评引导的基础上，对本阶段的学习活动成果进行自我评分和小组评分（100 分制），之后独立用红笔对本阶段的引导问题的回答进行更正和完善。

项目	类别	分数	项目	类别	分数
自我评分	关键能力		小组评分	关键能力	
	专业能力			专业能力	

（四）成果展示与评价反馈

1. 知识学习

学习展示的基本方法、评价的标准和方法。可参考世界技能大赛时装技术项目对系列设计及款式设计的评价标准和方法。

世赛链接

世界技能大赛时装技术项目中对于团体装的要求是系列感一定要强，对于主题的把握要符合市场及时尚趋势，对于色彩的要求则不高。

提醒

完成作品期间，要注意系列感，设计图可以用计算机绘制或者手绘。

2. 技能训练

实践

在教师的指导下，以小组为单位，展示已完成的设计图作品，并进行工作介绍。

（1）PPT 展示

将小组 3~5 张设计图和前期的市场调研 PPT 结合进行展示，要求照片清晰度高且不歪斜，无美颜、伸缩、修图等情况。

（2）KT 板展示

小组设计图装裱在 KT 板上时，要进行加厚处理，用大头针固定，大头针不能遮盖住设计图图片，且要注意 KT 板反面大头针的安全问题。

3. 学习检验

引导问题

（1）在教师的指导下，对照表 3-6，在小组内进行作品展示，然后经由小组讨论，推选出一组最佳作品，进行全班展示与评价，并由组长简要介绍推选的理由，小组其他成员做补充并记录。

小组最佳作品制作人：________________

推选理由：____

____

____

其他小组评价意见：____

____

____

教师评价意见：____

____

____

引导问题

（2）将本次学习活动中出现的问题及其产生的原因和解决的办法填写在表 3–7 中。

表 3–7 问题分析表

出现的问题	产生的原因	解决的办法
1.		
2.		
3.		
…		

自我评价

（3）将本次学习活动中自己最满意的地方和最不满意的地方各写一点，并简要说明原因，然后完成学习活动考核评价表（见表 3–8）的填写。

最满意的地方：____

____

最不满意的地方：____

____

表 3-8　　学习活动考核评价表

学习活动名称：团体商务女西服单品设计

班级：　　　学号：　　　姓名：　　　指导教师：

<table>
<tr><th rowspan="3">评价项目</th><th rowspan="3">评价标准</th><th rowspan="3">评价依据</th><th colspan="3">评价方式</th><th rowspan="3">权重</th><th rowspan="3">得分小计</th><th rowspan="3">总分</th></tr>
<tr><th>自我评价</th><th>小组评价</th><th>教师（企业）评价</th></tr>
<tr><th>10%</th><th>20%</th><th>70%</th></tr>
<tr><td>关键能力</td><td>1. 能执行安全操作规程
2. 能参与小组讨论，进行相互交流与评价
3. 能积极主动学习，勤学好问
4. 能清晰、准确地表达
5. 能清扫场地和工作台，归置物品，填写活动记录</td><td>1. 课堂表现
2. 工作页填写</td><td></td><td></td><td></td><td>40%</td><td></td><td rowspan="2"></td></tr>
<tr><td>专业能力</td><td>1. 能根据任务要求进行市场调研计划分组
2. 能根据调研计划进行不同市场的调研，并写出调研报告，制作成 PPT 形式
3. 能将本组调研报告展示给设计总监（教师及企业导师），并记录其反馈的意见
4. 能按照设计团体商务女西服所必需的知识点去查阅书籍及网络资讯，并加以记录
5. 能根据设计总监的意见、知识点及流行趋势，制订设计计划
6. 能根据面料市场调研分类整理面料小样
7. 能根据设计计划完成本组的 3~5 张团体商务女西服设计图
8. 能在面料小样库中为设计选择合理的面辅料
9. 能记录团体商务女西服设计过程中的疑难点，并在教师的指导下，通过小组讨论或独立思考与实践解决</td><td>1. 课堂表现
2. 工作页填写
3. 提交的团体商务女西服设计图</td><td></td><td></td><td></td><td>60%</td><td></td></tr>
<tr><td>指导教师综合评价</td><td colspan="8">指导教师签名：　　　　　　　　日期：</td></tr>
</table>

三、学习拓展

说明：本阶段学习拓展建议学时为 12 学时，要求学生在课后独立完成。教师可根据本校的教学需要和学生的实际情况，选择部分或全部进行实践，也可另行选择相关拓展内容，亦可不实施本学习拓展，将其所需学时用于学习过程阶段实践内容的强化。

团体商务女西服单品设计包括衬衣、裤子、半裙、连衣裙、外套、大衣、风衣等品种，它们的设计过程是相同的。拓展内容建议在训练单品的基础上将单品进行组合，如外衣与裤子或半裙组合，衬衫与裤子或半裙组合等。

拓展

在教师的指导下，运用计算机绘图软件（Photoshop、Illustrator、CorelDRAW等）绘制团体商务女衬衣、裤子、马甲设计图各 3 款，教师可以在此拓展环节加入不同面料的选择训练。

学习活动 2
团体女工装单品设计

学习目标

1. 能严格遵守工作制度，服从工作安排，按要求准备好团体女工装单品设计所需的工具、设备、材料与各项技术文件。

2. 能正确识读团体女工装单品设计各项技术文件，明确团体女工装单品设计的流程、方法和注意事项。

3. 能根据企业提供资料快速掌握企业文化及特点。

4. 能查阅相关技术资料，制订团体女工装单品设计计划，并在教师的指导下，通过小组讨论做出决策。

5. 能依据技术文件要求，了解企业市场需求和设计主题要求，结合流行趋势，形成初步构思和设想。

6. 能对照技术文件，独立完成市场调研和竞品分析，并选配面辅料。

7. 能在教师或企业技术人员的指导下，对照技术文件，结合团体女工装市场流行趋势，进行单品款式设计，绘制效果图、款式图。

8. 能了解当前市场上的工装面料及特殊面料，如阻燃面料、荧光材质等面料。

9. 能记录团体女工装单品设计过程中的疑难点，通过小组讨论、合作探究或在教师的指导下，提出妥善解决的办法。

10. 能在教师或企业技术人员的指导下，对照技术文件，依据设计总监（或者教师）的批复向技术部门下达任务书（版单）。

11. 能在随后的制版环节中与制版师沟通各部件尺寸，直至设计师、制版师在任务书（版单）上签字确认，并持续跟进制作直至样衣完成。

12. 能展示、评价团队女工装单品设计各阶段成果，并根据评价结果，做出相应反馈。

一、学习准备

1. 准备服装一体化教室、设计工具。

2. 划分学习小组（每组 5~6 人），填写表 3-9。

3. 准备安全操作规程、人体规格图（见图 3-5）、团体女工装单品设计相关学习材料。

表 3-9　　　　　　　　　　小组成员表

组号	组内成员姓名	组长姓名

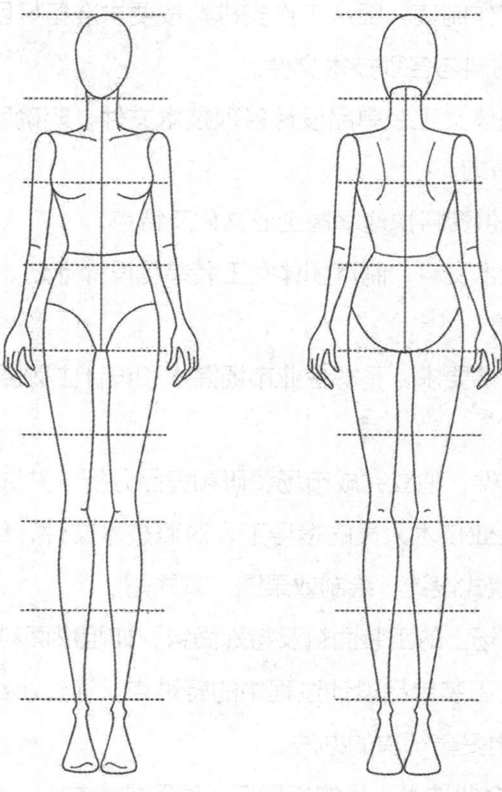

图 3-5　人体规格图

二、学习过程

（一）明确工作任务、获取相关信息

1. 知识学习

（1）学习鉴赏团体工装的款式，能在服装相关网站上找到团体工装款式，并整理出有用的资源。

（2）学习竞品和畅销款的概念。

竞品即竞争产品，指竞争对手的产品。畅销款是指市场上销路很好、没有积压滞销的款式。任何款式，只要受到消费者欢迎，销路好，都可称作畅销款。畅销款与产品新旧没有直接的关系，它可能是新款，也可能是旧款。

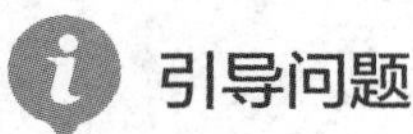

引导问题

（3）根据企业提供的资料，查阅相关资料或实地考察，了解企业文化及主要经营范围、岗位设置及岗位职责。

____

____

____

____

____

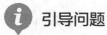

引导问题

（4）请在下框中画出团体女工装常见的造型。

引导问题

（5）请写出今年团体女工装常见的色彩和面料。

引导问题

（6）请在下框中画出团体女工装常见的口袋及袖口细节。

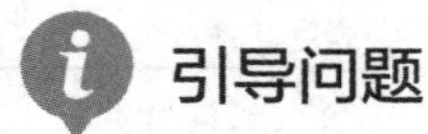

引导问题

（7）请在下框中画出团体女工装常见的结构线分割细节。

2. 学习检验

引导问题

（1）在教师的引导下，独立完成表 3-10 的填写。

表 3-10　　学习任务与学习活动简要归纳表

本次学习任务的名称	
本次学习任务的目标	
本次学习任务的内容	
本次学习活动的名称	
你认为本次学习活动中哪些目标的实现难度较大	

讨论

（2）查阅资料并讨论团体女工装在设计时要遵循哪些原则。

讨论

（3）在教师的引导下，讨论团体女工装哪些部位是可以融入设计元素的。

 引导问题

（4）团体女工装是女性服装的主要品种之一，具有款式丰富多变、造型大气的风格特点。工装种类很多，图 3-6 所示是按面料分类的团体工装，图 3-7 所示是按岗位分类的团体工装。请在图形对应的下方填写团体工装名称。

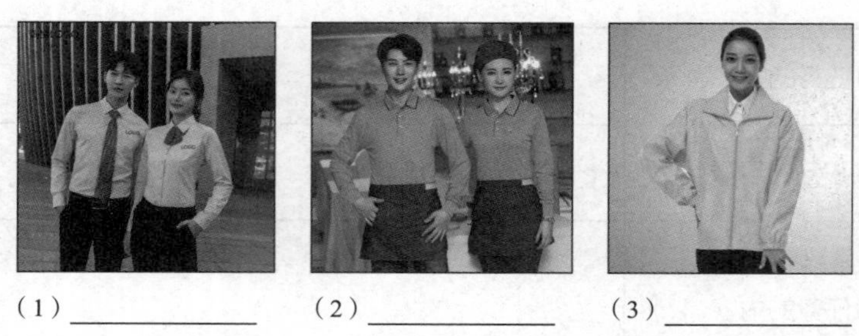

（1）＿＿＿＿＿＿　（2）＿＿＿＿＿＿　（3）＿＿＿＿＿＿

图 3-6　按面料分类的团体工装

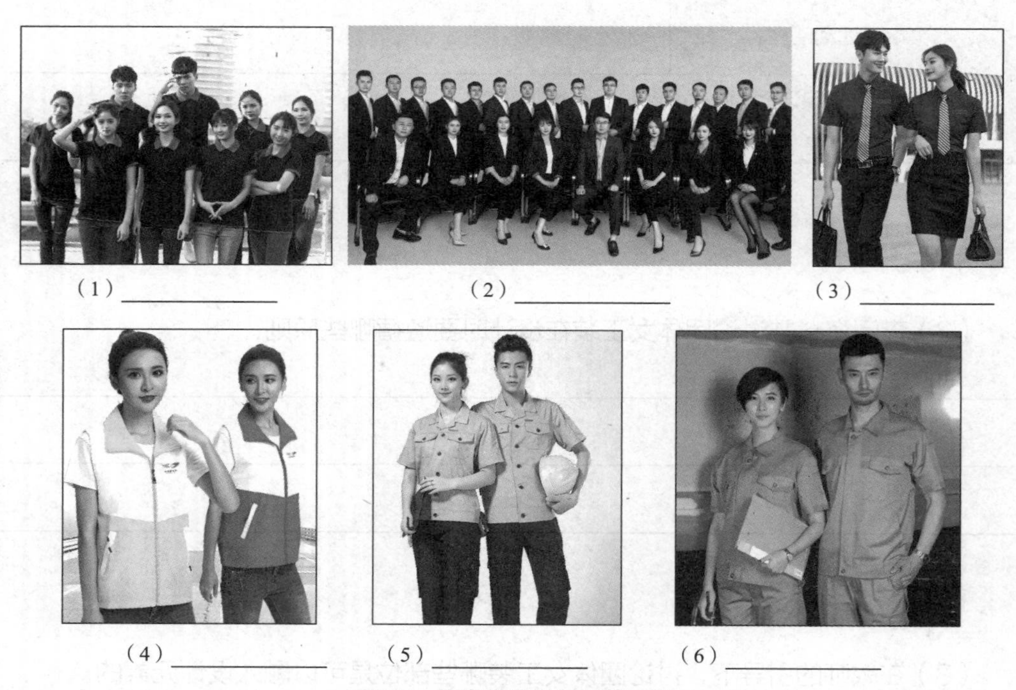

（1）＿＿＿＿＿＿　（2）＿＿＿＿＿＿　（3）＿＿＿＿＿＿

（4）＿＿＿＿＿＿　（5）＿＿＿＿＿＿　（6）＿＿＿＿＿＿

图 3-7　按岗位分类的团体工装

引导、评价、更正与完善

在教师讲评引导的基础上，对本阶段的学习活动成果进行自我评分和小组评分（100 分制），之后独立用红笔对本阶段的引导问题的回答进行更正和完善。

项目	类别	分数	项目	类别	分数
自我评分	关键能力		小组评分	关键能力	
	专业能力			专业能力	

（二）团体女工装单品设计计划与决策

1. 知识学习

团体服装特殊材质面料的运用

（1）荧光面料：这是一种特殊功能面料，广泛应用于高档工装和休闲服装。它采用高档全牵伸丝或拉伸变形长丝与精梳纯棉纱线交织而成。由于采用 3/1 或 4/1 的斜纹组织，使得布面的涤纶浮点远多于棉，而棉浮点集中于背面，仿佛是涤纶盖住了棉，所以又叫作涤盖棉。该面料正面便于染出鲜亮的颜色，光泽丰满，背面为高强力棉，强力大，贴身非常舒适。荧光面料的主要颜色有：荧光黄、荧光橙、荧光红三种颜色。

（2）阻燃面料：包括后整理阻燃面料，如纯棉、涤棉等；本质阻燃面料，如芳纶、腈棉、杜邦凯夫拉、诺梅克斯、澳大利亚 PR97 等。阻燃面料按照耐水洗标准可分为永久性阻燃面料、耐洗性（50 次以上）阻燃面料、半耐洗性阻燃面料、一次性阻燃面料。阻燃面料按照成分含量可分为芳纶阻燃面料、生态阻燃面料、全棉阻燃面料、CVC 阻燃面料、尼棉阻燃面料。

（3）防静电面料：是指经过防静电加工处理的面料，广泛应用于石油工业、矿冶工业、化学工业、电子工业、特种工业（如原子能、航天航空、兵器等）及其他工业（如食品、烟花爆竹、医药等）。

2. 学习检验

（1）在教师的指导下，通过小组讨论，制订团体女工装设计计划并做出决策。

____

____

____

____

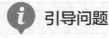

引导问题

（2）你在制订计划的过程中承担了什么工作？有什么体会？

引导问题

（3）对小组的计划，教师给出了什么修改建议？为什么？

引导问题

（4）你认为计划中哪些地方比较难实施？为什么？你有什么想法？

引导问题

（5）小组最终做出了什么决定？是如何做出的？

引导、评价、更正与完善

在教师讲评引导的基础上，对本阶段的学习活动成果进行自我评分和小组评分（100 分制），之后独立用红笔对本阶段的引导问题的回答进行更正和完善。

项目	类别	分数	项目	类别	分数
自我评分	关键能力		小组评分	关键能力	
	专业能力			专业能力	

（三）团体女工装单品设计与检验

1. 知识学习

通过查阅相关学术论文，了解服装配饰的设计方法与注意事项：要避免配饰主题造型元素的同质化。虽然配饰设计中可利用表现的图案造型是有限的，但这正是对设计者创新能力的考验，要能把有限的资源进行升华。同时要在深刻理解社会文化和大众心理的前提下创造出新的产品。避免表现手法的同质化，尽管取材于同样的写生素材，提取设计的造型元素却完全不同，以此训练自己的观察和演变能力。多分析好的配饰设计作品的设计演化过程，加以总结，给自己的设计演化提供灵感，但不要一味地抄袭。

2. 技能训练

实践

（1）制订调研计划，完成表 3-11 的填写。

表 3-11　　小组调研计划表

组名		调研地点		调研时间	
成员		（组长）			
联系电话					
款式市场					
面料市场					
客户分析					

引导问题

（2）款式设计的哪些细节应符合不同职业的要求，体现职业的形象，展现职业文化？

引导问题

（3）根据调研计划进行市场及网络调研，并根据教师提供的市场调研报告案例撰写调研报告（其他另附纸），并将调研报告制作成 PPT。

引导问题

（4）根据课前分组所做的调研报告（PPT）进行汇报，并给出小组的结论。

引导问题

（5）根据教师对调研报告的修改意见，将本组确定的团体女工装造型及设计元素绘画或者书写在下框中。

（6）将通过市场调研收集的面料信息进行分类整理，填写在表 3-12 中。

表 3-12 面料分类表

序号	面料名称	面料小样	质地	成分	幅宽	缩水率	联系电话	价格
1								
2								
3								
4								
5								
6								
7								
8								
9								
10								

引导问题

（7）在教师的指导下，结合收集的资料，完成单品服装的造型收、放设计。其设计方法与要领（包括省道、分割线、褶皱、暗加层、部件膨胀等设计）可以有哪些变化？

引导问题

（8）在教师的指导下，结合收集的资料，完成单品服装的装饰要素设计。

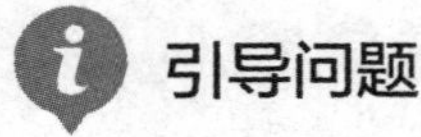

(9)在教师的指导下，结合收集的资料，完成单品服装的开、合设计。其设计方法与要领（包括门襟、开叉、开口、拉链、按扣、挂钩等设计）可以有哪些变化?

引导问题

(10)在教师的指导下，结合收集的资料，完成单品服装的边缘设计。其设计方法与要领（包括平面式、立体式边缘等设计）可以有哪些变化?

引导问题

（11）根据修改后的调研报告，结合单品设计的方法和要领，在下面的人体规格图上绘制出 3 个职业、每个职业 2 款团体女工装款式图（其他另附纸）。

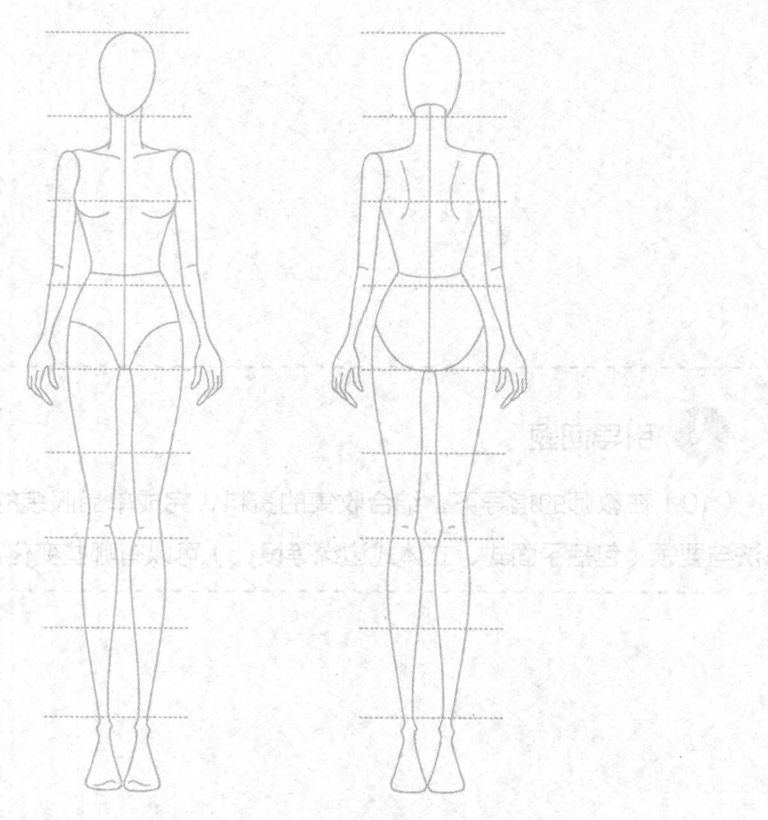

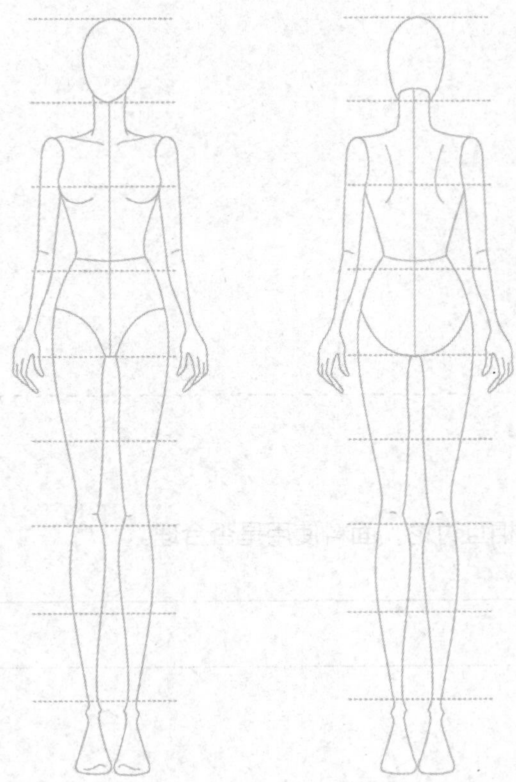

3. 学习检验

（1）版单应包含正背面款式图、服装规格尺寸、工艺细节说明、面辅料小样。检查自己的作业是否具备以上要素，并将未标注的写下来。

____

____

____

____

引导问题

（2）请每组同学自查，本组的设计图是否具备打版条件，将有疑问的地方记录下来。

讨论

（3）请本组同学相互讨论，面料使用是否合理。

引导问题

（4）请按照表 3–13 的要求填写成衣规格尺寸，并在每个成衣设计图上标注好成衣规格尺寸。

表 3–13　　成衣规格尺寸

序号	部位	尺寸
1	衣长	
2	胸围	
3	腰围	
4	臀围	
5	袖长	
6	领围	
7	袖笼围	
8	袖口围	
9	下摆围	

引导问题

（5）在团体女工装系列设计中，教师给本组的意见是什么？

____

____

____

检验修正

（6）在教师的指导下，对照表 3-14 所示检查方法，独立完成本组的作品复核，写出修改意见，并根据修改意见将设计图重新绘制并勾线。

表 3-14　　检查部位表

序号	部位	自评分	教师评分
1	每张款式图要干净、整洁，不能有铅笔印，6 张数量准确		
2	每个设计图要附有服装规格尺寸、面辅料小样		
3	设计图要有正背面款式图及工艺细节说明		
4	设计图正背面要非常流畅		
5	设计图面料选择及表达要到位		
6	款式设计符合目标企业定位		
7	细节表达准确，无难以阅读的情形，以至于制版师无法制版（如贴边线或里子缺失，门襟、齿带、扣眼、兜位未标示等）		
8	设计图整体线条顺直，轮廓清晰，画线无过重或过轻表达		
9	领口、袖笼或者下摆是否太紧，有无拉链或者扣子，是否便于穿脱及活动等		
10	设计图要具有一定的流行元素		

修改意见：

____

____

____

引导、评价、更正与完善

在教师讲评引导的基础上，对本阶段的学习活动成果进行自我评分和小组评分（100 分制），之后独立用红笔对本阶段的引导问题的回答进行更正和完善。

项目	类别	分数	项目	类别	分数
自我评分	关键能力		小组评分	关键能力	
	专业能力			专业能力	

（四）成果展示与评价反馈

1. 知识学习

学习展示的基本方法、评价的标准和方法。可参考世界技能大赛时装技术项目对系列设计及款式设计的评价标准和方法。

2. 技能训练

实践

在教师的指导下，以小组为单位，展示已完成的设计图作品，并进行工作介绍。

（1）PPT 展示

将小组 6 张设计图和前期的市场调研 PPT 结合进行展示，要求照片清晰度高且不歪斜，无美颜、伸缩、修图等情况。

（2）KT 板展示

小组设计图装裱在 KT 板上时，要进行加厚处理，用大头针固定，大头针不能遮盖住设计图图片，且要注意 KT 板反面大头针的安全问题。

3. 学习检验

引导问题

（1）在教师的指导下，对照表 3-14，在小组内进行作品展示，然后经由小组讨论，推选出一组最佳作品，进行全班展示与评价，并由组长简要介绍推选的理由，小组其他成员做补充并记录。

小组最佳作品制作人：______________

推选理由：____

____

其他小组评价意见：____

____

教师评价意见：____

____

引导问题

（2）将本次学习活动中出现的问题及其产生的原因和解决的办法填写在表3-15中。

表3-15　问题分析表

出现的问题	产生的原因	解决的办法
1.		
2.		
3.		
…		

自我评价

（3）将本次学习活动中自己最满意的地方和最不满意的地方各写一点，并简要说明原因，然后完成学习活动考核评价表（见表3-16）的填写。

最满意的地方：____

最不满意的地方：____

表 3-16　　学习活动考核评价表

学习活动名称：团体女工装单品设计

班级：　　学号：　　姓名：　　指导教师：

<table>
<tr><th rowspan="3">评价项目</th><th rowspan="3">评价标准</th><th rowspan="3">评价依据</th><th colspan="3">评价方式</th><th rowspan="3">权重</th><th rowspan="3">得分小计</th><th rowspan="3">总分</th></tr>
<tr><th>自我评价</th><th>小组评价</th><th>教师（企业）评价</th></tr>
<tr><th>10%</th><th>20%</th><th>70%</th></tr>
<tr><td>关键能力</td><td>1. 能执行安全操作规程
2. 能参与小组讨论，进行相互交流与评价
3. 能积极主动学习，勤学好问
4. 能清晰、准确地表达
5. 能清扫场地和工作台，归置物品，填写活动记录</td><td>1. 课堂表现
2. 工作页填写</td><td></td><td></td><td></td><td>40%</td><td></td><td rowspan="2"></td></tr>
<tr><td>专业能力</td><td>1. 能根据任务要求进行市场调研计划分组
2. 能根据调研计划进行不同市场的调研，并写出调研报告，制作成 PPT 形式
3. 能将本组调研报告展示给设计总监（教师及企业导师），并记录其反馈的意见
4. 能按照设计团体女工装所必需的知识点去查阅书籍及网络资讯，并加以记录
5. 能根据设计总监的意见、知识点及流行趋势，制订设计计划
6. 能根据面料市场调研分类整理面料小样
7. 能根据设计计划完成本组的 6 张团体女工装设计图
8. 能在面料小样库中为设计选择合理的面辅料
9. 能记录团体女工装设计过程中的疑难点，并在教师的指导下，通过小组讨论或独立思考与实践解决</td><td>1. 课堂表现
2. 工作页填写
3. 提交的团体女工装设计图</td><td></td><td></td><td></td><td>60%</td><td></td></tr>
<tr><td>指导教师综合评价</td><td colspan="8">
指导教师签名：　　　　　　日期：</td></tr>
</table>

三、学习拓展

说明：本阶段学习拓展建议学时为 6 学时，要求学生在课后独立完成。教师可根据本校的教学需要和学生的实际情况，选择部分或全部进行实践，也可另行选择相关拓展内容，亦可不实施本学习拓展，将其所需学时用于学习过程阶段实践内容的强化。

团体女工装单品设计包括衬衣、裤子、半裙、连衣裙、外套、大衣、风衣等品种，它们的设计过程是相同的。拓展内容建议在训练单品的基础上将单品进行组合，如外衣与裤子或半裙组合，衬衫与裤子或半裙组合等。

拓展

在教师的指导下，运用计算机绘图软件（Photoshop、Illustrator、CorelDRAW 等）绘制团体女衬衣、裤子、马甲设计图各 3 款，教师可以在此拓展环节加入不同面料的选择训练。